年輕20歲的腦力回復法

9招讓大腦回春

健康 活腦 心不老

亨利・艾蒙斯 醫生 Henry Emmons 著
大衛・奧特 博士 David Alter，PhD
蔡孟儒 譯

Staying Sharp: 9 Keys for a Youthful Brain through Modern Science and Ancient Wisdom

獻給兩個兒子，艾瑞克和馬可，我永保年輕的秘訣。獻給我的妻子珍，妳讓我保持最真的自我。

——亨利·艾蒙斯醫生

獻給我的父母，你們就像兩道引路的河岸，用愛守護我的生命之河湍湍而流。

——大衛·奧特博士

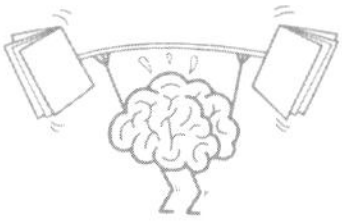

目錄

第二章｜認識時光所建構的大腦

第三章｜培養專注力

第二部　吃、動、睡，鍛鍊年輕腦

第三部 心智健康，打造活力腦

第八章｜關鍵5：常保彈性

第九章｜關鍵6：常保樂觀

第四部 美好的人生下半場，就靠智慧腦 263

第十章 關鍵7：富同理心

第十一章｜關鍵8：與他人交流

第十二章｜關鍵9：活出自我

推薦序

青春「倒退嚕」，由大腦開始！

中國醫藥大學講座教授　許重義

成年以後，隨著年齡增加，身體各個器官逐漸步入老化的過程。身體的退化，與年俱增，百病潛伏待發，是年歲增長面臨的危機。

人生的矛盾是：年輕的時候，有青春沒有財富；年老的時候，有財富沒有青春！如何能在一生事業有成，達到要享受人生清福的時候，還能維持健康的身心？也就是步向退休時，仍能擁有青春的體態，克服有財富沒有青春的人生矛盾。能夠擁有財富，並且仍然保有青春，是所有成年人所面臨的人生一大挑戰。

讓老化的步伐減緩，甚或原地踏步；尤有進者，讓青春倒退嚕，是人生理想的境界。實証醫學已有具體客觀的資料，一個人的年齡增加一歲，身體的器官狀態可以年輕一歲。所以，「青春倒退嚕」並不是口號或理想，而是真正可以達到的理想境界。

大腦是身體的總司令部，人生的七情六慾，悲歡離合所帶來對身體的影響，皆來自大腦。身體的總司令部充滿青春活力，身體的各個器官也就跟著活絡起來；如果總司令部垂頭喪氣，身體的各部門也會出現兵敗如山倒的悲壯。所以大腦是決定身體狀態的總指揮，如何讓我們身體的總司令部維持最佳狀態，是決定身體健康的最重要關鍵。

由總司令部指揮各方部隊的管控機制，可以延伸到腦部如果身體要維持青春，延緩老化，甚至青春倒退嚕，就要由大腦開始！如果大腦隨著年齡增長老化，身體各部位也會隨著總司令部的指令，跟著退化。醫學進展已有許多心靈與身體（mind and body）牽連健康的證據。

本書綜合中西醫理念，以具有科學依據的原理，提供各種活化大腦的撇步，延緩大腦老化，甚至讓大腦青春倒退嚕，是維持心靈與身體健康的妙方。作為一位研究腦科學與身體狀況的醫師，經歷眾多病人因為大腦老化，帶來的各種病態，我鄭重推薦本書，讓活化大腦作為延緩老化，甚至青春倒退嚕的契機。

推薦序

少吃糖、多吃omega—3、控制二氧化碳濃度，逆轉老化時鐘

王群光自然診所院長、台灣腦波自律神經醫學會理事長 王群光

本人曾將3D立體腦波及自律神經檢測儀，應用來檢測各種精神紳經疾病重症患者及做自然療法，得到了許多文獻上未曾有發表紀錄的心得，這些心得都與本書所述不謀而合。

還特別值得一提的是，我認為本書之所以對一般大眾很有啟發意義、值得深究細讀，是因為身為不使用任何藥物，而使用足量omega-3、omega-6與omega-9好油，甚至還有生酮飲食，來治療各類型精神及神經疾病的自然療法西醫師來說，我十分認同並重視書中所提的：人應少吃糖及多吃omega-3的概念。

在此要為本書「畫龍點睛」一下。

第一個「龍眼睛」，就是omega-3的攝取量。

為了維持神經及情緒的健康，成人每日的植物性C18-3 omega-3攝取量，應該至少不低於十公克，而omega-3、omega-6與omega-9可見油的總攝取量應為七十公克，這樣才能達到油脂佔熱量來源的三十五至七〇%的基礎要求，因為人體腦細胞的七〇%是脂肪酸。眾所周知的omega-3含量高的補給品為亞麻油、紫蘇籽油、鼠尾草籽油及魚油等。

第二個「龍眼睛」，就是要少吃糖。

吃下太多葡萄糖、果糖或會分解成葡萄糖的碳水化合物或澱粉，代謝不完的過多葡萄糖會在腦內沉澱累積形成類澱粉蛋白班（β-Amyloid protein plaque），此斑常出現在罹患阿茲海默症患者的腦解剖組織中。阿茲海默症佔美國死亡原因的第六位，阿症也被稱為第三型糖尿病，亦即腦神經的糖尿病，由此可見，過多的糖攝取對腦神經細胞是有傷害性的。

第三個「龍眼睛」，就是要控制好二氧化碳（CO_2）的濃度。

空曠室外的二氧化碳濃度在三五〇至四〇〇ppm之間，而人體呼出氣體中的二氧化碳，則高達四萬至五萬三千ppm。依據台灣室內空氣品質法規定，室內空氣中的二氧化碳濃度不可超過一千ppm，而二氧化碳過高會導致血液酸化及精神萎靡不振，而市售九成的冷氣並未具有引入新鮮空氣之換氣功能，導致二氧化碳常超標。

人腦神經細胞的數目大約在一千五百億個左右，有人較多，有人較少，其數量在出生時就決定了。腦神經細胞不像皮膚、腸黏膜、肝臟細胞那樣，會自然死亡與新生替換，如果沒有缺氧、二氧化碳過高，一氧化碳（CO）中毒，有機溶劑中毒、過敏原入侵腦部、吃太多糖、脂肪酸嚴重不足等負面因素之介入，腦神經細胞是不會死亡的。

如果能把以上三點做好，也就是少糖、足量好油飲食，以及控制二氧化碳濃度不過高，再加上依據本書所指出的各項要點，好好保護鍛鍊自己的腦神經細胞，除了能夠遠離神經精神疾病之外，又因為腦是人體的發電廠及電腦之合體，腦所輸出的電流記錄就是指揮人體十二對腦神經之自律神經活性，只要能維持腦波及自律神經在正常範圍內，距離身心靈整體健康之目標就不遠了。

PART

1

喚回青春機制，讓大腦越活越年輕

強化大腦，培養心智，喚起心靈

「也許你會變老，縮在軀殼裡顫抖，也許你在夜裡醒來輾轉，聽著心臟不規則的脈動……那麼，就只剩一件事可做了——學習。這是唯一不讓心智枯竭的辦法……你將永遠保持勇敢、信任之心，永遠不追悔過去。」

——T.H.懷特《永恆之王》(T.H. White, *The Once and Future King*)，英國作家、詩人

想擁有長久、充實又開心的人生，我們必須放寬心接納時間的流逝，同時也要理解，人生永遠有發掘不完和體驗不盡的事。人生永遠都有得學習。

你也許和大部分的人一樣，在經歷了惱人的身心變化後，發現自己真的變老了。稍微細想一下，你可能還有點擔心年輕逝去後，等候在前方的未來會是怎樣的光景。然而，很多人倒認為後半生是人生最富足的時期，充滿未知的一切正等著他們去挖掘。本書的目標就是幫助你學習改變後半生，讓你也能開心迎接第二人生。

在第一部分，將先介紹踏上充實人生旅程所需的基本資訊。教人意外的是，只要對三件事情做好完善的準備，你就能啟程，這三件事可說是達成目標的關鍵。

第一件事是適度存疑。這趟旅程必須大膽拋開常見的老化負面迷思和臆測，這是第一章的課題。第二件事是對大腦有個基本認識，這是第二章的課題。你會學到如何重新設定大腦，讓大腦永保年輕。最後，請把行李箱的空間留給專注力，想擁有思路清晰的大腦，專注力扮演非常關鍵的角色。第三章課題是運用專注力的科學，大幅改善往後每一天的生活。

打包好行李，你就能隨時啟程了。上車吧。儘管風險不低，但別忘了你追尋的目標，或者說所有人追尋的最終目標並不遙遠，而且重點是，你辦得到。接下來，本書將為你講解九大步驟，教你創造一條康莊大道，通往充實富足、有意義、有目標的人生。

預祝旅途愉快！

CH. 1

我還年輕，但為什麼覺得已經好老？

不論幾歲，你都能擁有年輕大腦和清晰思緒

「希望就像和平。它不是上帝的恩賜，而是只有人類才能贈予另一人的禮物。」——埃利．維瑟爾（Elie Wiesel），猶太作家、諾貝爾和平獎得主

變老＝變笨？

大多人都說不上來，究竟何時開始覺得自己老了。就是那種，「真的變老」的老。這種改變都是慢慢出現，從小細節和小變化中一點一滴累積起來，直到有一天突然發現，自己幾乎成天在問：

我的鑰匙又放哪去啦？

我愛吃的那家餐廳叫什麼來著？

樓梯什麼時候變得這麼難爬了？

那叫做……等等，我知道，那是……我快想起來了……再等一下……就差一點……

身體變老，疼痛在所難免，但是腦筋變差卻讓人特別不安，甚至忍不住往往最壞處

想：「難道大腦退化了嗎？」邁入中年的人可能常常煩惱這件事（即將步入中年期的人也會跟著提心吊膽）。

很多人認為變老是件壞事，甚至覺得很可怕，這不難理解。你是不是很常聽到人家說「心臟沒那麼強就別活太久」？我們怕自己跟其他變老的人一樣體衰多病，更怕喪失記憶、心智退化。大家多半認定變老就一定會變笨。

我們普遍認為年紀越大，大腦就會越衰退。老化的傳統見解大概是：「人一出生就帶著一千億個神經細胞。幼童時期一結束，大腦也差不多發展完全了。六至十二歲過後，大腦細胞每一年都在折損，而且不會再生。我們能做的只是延緩功能喪失，盡量減緩老化必經的衰退。」

聽清楚了：你大可不必受這種苦！可怕的功能衰退並非老化的必經之路。現代研究已經更深入認識大腦，而且知道如何把大腦變得更好。比方說，神經細胞的確會隨著年齡增長而流失，但我們現在也知道，大腦的幹細胞可以替補某些受損細胞。事實上，大腦能夠快速自我修復，就算中風過也無礙！神經科學發現某些方法可以幫助大腦自我修復，後面章節將與各位分享神經科學的研究成果。

再說，我們能做的不只是延緩功能喪失。老化也可以充滿各種可能性，因為大腦永遠都有學習能力，心智永遠都能持續累積智慧。就算損失幾個神經細胞，只要擁有學習能力，人生就能過得更美好。

我們的前提是，老化不好也不壞。只要有幸活得夠久，不論做再多努力，人都勢必會老化。問題不在於我們是否會老化，而是我們該如何應對老化的過程。本書將傳授一套祕訣，教你抱著興奮而非恐懼之情迎接下半生的挑戰。你將學會如何運用工具促進大腦健康，鍛鍊技巧使心智清明，採取措施讓自己更能帶著歡喜的心享受這一切。現在，讓我們繼續看下去！

沒錯！大腦也可以回春

看診的時候，我們常常聽到跟海倫類似的情況。海倫坐五望六，覺得頭腦沒以前來得靈光。她說自己常「迷迷糊糊」，以前講一次便記得的事情，現在都記不牢。她的心情因此大受影響，很容易沮喪、發脾氣。再加上身體開始冒出一些小病小痛，雖然都不嚴重，但原本活力十足、樂觀開朗的她也難免心情低落，彷彿身上的力氣都被抽乾了。她半絕望半抵抗地為自己的狀況下了結語：「我應該要過得更好。」海倫決定採取傳統療程，卻不見半點起色，她忍不住想：「我還能變好嗎？還是這就是老化的必經過程，我只能默默吞下？」

好消息來了，雖然沒辦法阻止身體老化，但海倫的衰退之苦卻不是老化的必經之路，也不是正常現象。要輕鬆迎接老化還是受盡折磨，由你作主。海倫做了幾項本書的練習之後，感覺自己終於從心智遲鈍的狀態甦醒了。幾個星期過後，她的思緒更清楚，腦筋也不再一片混沌，她重新掌握自己的生活，對自己的表現非常滿意。海倫辦到了，你也可以。

只要學會如何按照大腦天生的運作模式思考，思緒自然清楚敏銳。大腦會照著習慣的方式展現自我。如果把心思放在正向意念，積極鍛鍊心智使其成長，大腦原本靜止的正向層面就會發展出快樂的新習慣。重拾生命活力，重現靈光腦袋，甚至找回快樂的自己，這一切都比你想得更簡單。

東西結合的全人療法

到底要如何改善大腦，才能保持（或加強）敏銳思緒？追根究柢，我們必須結合尖端先進的神經學和流傳千年的古老療法。此時正是我們獨特背景派上用場的時候。

我是亨利．艾蒙斯醫師，現為「整體」（全人）身心科醫師。三十年前，我的醫療培訓即將進入尾聲，我選擇當身心科醫師，因為身心科從身、心、靈全方位著眼，似乎是了解一個完整個體最自然的方式。但是就在我逐漸喜歡上全人醫學的時候，身心科領域卻開始越趨簡化，只關注大腦（和一些大腦化學物質），完全排除心靈方面的研究，甚至身體其他部位也不再受重視！執業早期，我發現這種身心科診療方式對我和患者都沒有好處，我必須另尋他方。

跟疾病相比，我一直對健康更有興趣，所以我把焦點重新放在使人更健康快樂的方法，包括我們每天做的選擇如何影響身體、我們與心智以及數不清的思緒情緒之間的關聯，還有心靈活力程度和擁抱生活一切好壞的能力。我因此開始認真投入研究，學習整體營養、生活方式醫學、阿育吠陀醫學和正念療法。而神經學正是結合以上領域的結果。

過去十五年，我在「回復力夥伴」醫療機構（Partners in Resilience）努力將這些領域結合成連貫的療程，用吃藥以外的方式，幫助患者恢復正常的心靈健康狀態。我之前的著作《快樂的化學原理》（*The Chemistry of Joy*）和《內心平靜的化學原理》（*The Chemistry of Calm*）這兩本書，分別鉅細靡遺地描述憂鬱和焦慮的狀態。一旦結合西方科學和東方智慧，良好的心靈健康便不再抽象難解，只要按照清楚的指示步驟，生病的心靈就能康復，甚至迎向更有活力、更快樂的人生。這次，《年輕20歲的腦力回復法》這本書也打算對老化採取同樣方式，擁抱所有身為「人」的特點，並結合神經學的新興領域和實證有效的正念療法。我們希望能幫你製造更多完整的神經細胞，更希望在你變老的同時，心情更開闊、智慧更深長。

至於我呢，我是大衛．奧特醫師，擁有博士學位。我在神經心理學和健康心理學已經打滾將近三十年。十五年前，我和同仁一起創辦「治癒夥伴」醫療機構（Partners in Healing），「這是一間全人醫療中心，我在這裡鑽研大腦及心智如何影響人體健康和日常機能。很早以前我就發現完整的健康不能只單看心理狀態。人包括心智和身體，我的工作就是找出結合身心以達成全人健康的最有效辦法。所以我的療程著重幫助人建立自癒力和成長力，並運用心智讓大腦重新接上線。我從醫最主要的目的，就是協助人們發掘正途，人生因此更富足、更有意義，且更能以完成目標為生活動力。

我之所以對大腦科學轉成實際可行的步驟有興趣，都要歸因於我的家庭生活。我母親擔任教職，我父親是神經學家。學習行為和大腦運作的互動從小就在我生活中天天上演。這些興趣促使我設計一套療程，結合西方大腦學習理論和東方傳統療法的技能培養，可治療多種病症，如偏頭痛、慢性疼痛和消化不良等。

大腦科學確實影響了我的人生觀和行醫方式，不過這本書背後更深遠的影響源自我家庭的思想傳統。簡單說，我們家的思想傳統教我懷抱希望。諾貝爾獎得主作家埃利．維瑟爾（Elie Wiesel）曾說：「希望就像和平。它不是上帝的恩賜，而是只有人類才能贈予另一人的禮物。」我個人希望這本書就像我們送你的禮物，但願你在閱讀、應用本書的知識和做法時，能夠逐漸築起希望，歡欣迎接第二人生的益處和滿足感。

我們以醫生和神經心理學家的身分合作逾二十五載，整合西方醫學和身心自然療法的精華。我們的使命是幫助人們開發身心裡沉睡的強大力量，現在你也可以學會這套技能，去過你的快樂活力人生。我們在書中會分享許多各自在專業生涯得出來的想法和做法。

本書的基底是大腦和神經學研究過去十五年來的最新進展，我們現在更了解大腦的作用和運作方式了。舉個例子，你可能聽過「神經可塑性」（neuroplasticity），大腦遇到新的經驗就會形成新的神經連結，這表示人類天生懂得改變自己以適應挑戰——我們的學習永不止息！新的經驗會刺激大腦，大腦為了適應，就會建立新的路徑，而我們可以影響路徑的品質和方向。只要留心注意你做的選擇、追求的經驗，或是不斷重複練習而培養的技能，大腦就真的能重新接上線。我們的目標是教你重組大腦，創造更有活力的心智。

不過真正有趣的地方是，我們對大腦懂得越多，越發現科學一再證實古老智慧對心智運作的理解。長久以來，佛教的思想作為都圍繞著「正念」，而現代神經學最新的大腦造影技術也確實能測量並研究正念。「自我調整技巧」不只是學童所需的重要技能，也是成人預測未來成功與幸福的關鍵。其實，東方傳統和西方科學天天都以一種振奮人心的新方式相互合作（並互相證實），其合作的結晶就是我們療法的中心思想，也是本書即將要教給你的知識。

這本書將現代科學和古老智慧寫成簡單易懂的架構，結合重要概念和實際步驟，無論男女老少，只要跟著做，就能保持、甚至重新打造年輕的大腦。如果你希望下半輩子活得更精彩，那這本書對你的效果更好。

積習能改——

海倫在開始練習書中待會我們要教導你的方法之後，她的大腦立刻發揮可塑性，心智的活力也提升了。神經學指出大腦的迴路可以辨認重複的路徑，如果大腦一直重複一件事，那部分的大腦就會因為不斷的練習而變得更厲害，也就是我們想要的成長。

大腦辨認路徑的能力是一種正向特質，好比說我們會注意到伴侶的行為舉止，雖然不是十全十美，但我們就是喜歡他們的為人行事。有時候當我們第一次碰到意料之外的事，大腦會以新的方式應用已知模式，譬如陌生人一個善意的舉動會令我們心生感激，那是因為大腦從過去經驗找到了相同的應對模式。

但是如果人生變成一連串無止盡的重複，了無新意，那反覆重播的舊模式反而對我們不利，就像海倫的煩惱一樣。熟悉感最終將導致心神不安，甚至心智遲鈍，而且因為大腦自動執行太多模式，不經思考就行動，反而阻礙自我成長。

人生不必非得落到這般田地。我們是有意識的生物，可以透過目標和意念自我成長。大腦的改變能力十分驚人。大腦有一千億個神經，兩個神經之間有高達一萬種連結方式，也就是說大腦連結神經的可能方式，比已知宇宙的原子數還多！

海倫穩定重複練習本書所提到的步驟之後，「神經迴路」開始改善。我們幫助海倫整合適度運動和後續身體冥想，她便感到身體感官逐漸甦醒。她重新找回「擁有」身體的感覺，一個有思想、有感受、有心情、有智慧的完整個體。海倫不只身體變好，連頭腦也變得更清楚、思路更敏銳了。

海倫不是特殊案例。你的故事細節可能跟她的有所出入，但你們追求的道路並無二致。她想要重新掌握自己的身體和人生；她追尋生活的意義和目的；她渴望快樂和新奇的事物；她希望人生建立在希望和信念之上，她才能盡情發揮所長。

生命力三元素

西方文化常常把「大腦」和「心智」混為一談，但這兩個名詞的意思其實大不相同，對付老化和保持敏銳的方法也不一樣。快樂變老需要兩大核心特質，我們稱為回復力和活力。回復力跟大腦有關，而心智需要活力。

那麼，回復力是什麼？回復力是即使處於極度困境，仍能保持正向情緒和健康感覺的能力。運作良好的健康大腦，也就是年輕的大腦，才能發揮回復力。大腦天生具備回復力，但是要控制這項能力，就需要與良好、活力十足的心智互相整合。

我們把大腦分成以下幾部分：物理結構、心理功能和維持生命的化學反應。大腦就像一個交響樂團，當團員訓練有素、充分休息、營養飽足，樂團自然能發揮水準，大腦也充滿回復力。大腦運行順暢的時候，腦內就會供應所有必要條件，讓樂團演奏出優美動聽的旋律。可惜，光只有大腦還不夠。縱使集結最有才華的樂手，給他們最上等的樂器，這個樂團仍上不了檯面。你還需要一位指揮，將樂器整合成和諧悠揚的樂音。此時就輪到心智上場了。

心智的概念有時很難領會，畢竟心智不像結構或化學那般具體。就我們看來，心智就像一套指導原則，涉及心靈、情緒和社交能力，可以產生或擴大快樂。心智就如同指揮，它會適度關照細節，但不會太鑽牛角尖。心智懂得觀照大局，利用人類龐大的能力組合，將一連串散亂的音符組織成一首交響樂章。心智還能使大腦和身體創造出一輩子的美麗與幸福。

年輕大腦和活力心智攜手合作譜出動聽的樂聲，但是樂聲若無人欣賞，還能說是動聽嗎？音樂不就是要與人產生連結，才算達成初衷嗎？這時就該換心靈登場了。每個人的心靈都擁有連結的能力，不管有沒有使用過這項能力，我們都可以跟他人締造連結，和自己的心靈相通，甚至可以跟充滿意義的人生產生連結。唯有透過心靈，我們才能完全意識到自己的生活，充分展現年輕、有回復力的大腦和活力心智。當心智恢復意識，心靈終於覺醒，我們才有將回復力進一步發展成生命力。

回到交響樂的例子，大腦和心智彼此缺一不可。而樂團和指揮再優秀，沒有觀眾坐在台下享受，也毫無意義。每個人都想要且需要三大元素：大腦回復力、心智活力和心靈覺醒，才能活得健康又有朝氣，每一天都散發生命力。

看診的時候，我們不斷遇到跟海倫有相同煩惱的人，他們總會問到一個重點：「在剩下的人生歲月，要怎麼過得更快樂，更優雅地變老，更洞察人情世事，並且付出更多的愛？」希望你已經迫不及待想知道答案，因為我們打算帶你探索九大核心概念。只要用一些簡單的方式實踐九大概念，你就能替自己打造大腦回復力、培養心智活力，並發掘覺醒的心靈，為快樂人生打下穩固基礎。

越活越年輕的九大關鍵

現代人最需要的，就是學會使用心智深入啟動大腦的潛能。我們必須將有限的時間、專注力和精力分配給生活大小需求，現代人的需求可說是人類史上最多的時候，難怪我們處理事情難免有些力不從心。另一部分是因為，慢性健康問題在世界各地蔓延。隨著人口逐漸老化，專家認為老化產生的大腦疾病勢必會成為流行病，但整個社會卻還沒為此做好準備。面對這些挑戰，培養回復力和活力已經是不容忽視的議題，我們必須更適應下半人生的挑戰，活得更精采。

我們寫這本書是想畫出一條清楚的路線，這條路的根基是利用大腦科學、照顧身體和大腦生理需求的對策、喚醒心智的方法，以及建立親密感的練習。本書結合神經學近來的重大發現，和古老傳統智慧的有效方法，即使下半場的人生可能必須面對各種挑戰，也能助你維持快樂的心境。

本書分成四大部分，第一部分介紹背景知識，讓你更能掌握此部分後面兩個章節的內容——第二章說明負責專注力的大腦重要結構；第三章學以致用，教你選擇性地運用專注力，讓大腦更能專注當下。

另外，第二部分到第四部分是本書的重心——「大腦回春療程」。此療程包含從神經科學整理的九大經驗，合在一起可以供應年輕大腦的所需元素。九大經驗均分成三種：第一種能發展大腦回復力（第二部分）、第二種可培養活力心智（第三部分）、第三種則發掘覺醒的心靈（第四部分）。

以下就是越活越年輕的九大關鍵。

■ **年輕的大腦喜歡活動。**第四章教你用心運動、動動身體，可以直接改善大腦健康、能量和情緒品質。

- **年輕的大腦需要充分休息**。人似乎越老越容易有睡眠問題。第五章教你安全自然的身心睡眠法，讓心智充分休息。
- **年輕的大腦需要充足營養**。第六章介紹對大腦最好的食物和補給品，再教你用心吃飯。
- **活力的大腦常保好奇心**。第七章說明新奇事物、玩樂和好奇心是大腦的超級肥料，並教你把更多肥料融入到日常生活。
- **活力的大腦常保彈性**。第八章介紹神經可塑性，大腦一輩子都能適應改變的超能力。只要加強大腦彈性，就算下半輩子遇到挑戰（而且肯定會遇到），你也能從容應對。
- **活力的大腦常保樂觀**。每個人天生樂觀程度不同，但樂觀能力可以靠後天加強，而且好處多多。第九章強調樂觀的科學，教你培養這項內在特質，這是你會想保留一輩子的個性。
- **智慧的大腦富同理心**。大腦天生就懂得關懷、大方和同理心。加強愛人的能力，為人生帶來更多幸福。第十章討論同理心的科學，教你用同理心變得更快樂。

■ **智慧的大腦需要與他人交流**。人類是群體動物，我們和他人相處的時候，大腦會有所改變。第十一章說明為什麼需要與他人進行有意義的交流，建立強烈的歸屬感。

■ **智慧的大腦能夠活出自我**。第十二章點出美好人生最重要的目標：讓自己變得越來越完整。活出自我就是一切練習追求的成果，當我們有能力過充實有意義的生活，完全展現深層內在，追求自我就是我們的目標。

本書內容按照邏輯程序漸進，建議你照順序讀下去，我們會交互介紹大腦結構功能，和比較細微廣泛的心智運用。前三個步驟（四到六章）專門解釋大腦運作所需的身體元素，為後面章節打穩基礎。接著三個步驟（七到九章）著重好奇心、彈性和樂觀三種核心心靈特質，讓大腦保持年輕，心智充滿活力。最後三個步驟（十到十二章）提到人類的偉大特質：對人生和他人抱持開放態度、學會好好地愛、真正活出自我。

你可以過得更好

海倫的隱藏特質讓她慢慢找回原有的生活，她很堅強，她敢挑戰，她擁有回復力，而這些特質你也有。海倫可能不同意我的說法，但她的確未被生活的挫折打倒。事實上，她那句「我應該要過得更好」真是至理名言。你也應該要過得比現在更好，只是你還不知道自己辦得到。

每個人都有與生俱來的回復力，能重燃對生活的熱忱。如果你跟大多人一樣，在人生途中感到無所適從，你只需要一些引導，培養某些技能，就能重回繽紛生活的正軌。本書可以做到這一點。

我們可以到老都保持具有回復力的年輕大腦、活力智慧的心智和愉悅覺醒的心靈。更重要的是，越活越年輕的關鍵大多掌握在自己手裡！只要從現代神經學和全人智慧療法學到正確的工具，越活越年輕不再是空談。

我們是兩位專業領域的治療師，也是同樣面臨老化的普通人，我們會盡量從容又有技巧地分享各自的經驗。本書的目的就是要一邊傳授知識，一邊分享生活方式。我們會把上述的絕佳療法整合成一個療程，幫你強化大腦、培養心智、喚醒心靈，而且療程終生有效。

重點 Key point 觀念

- 大腦能夠快速自我修復，就算中風過也無礙！
- 本書結合西方醫學和身心自然療法的精華，能幫助人們開發身心裡沉睡的強大力量。
- 快樂變老需要回復力和活力這兩大核心特質。回復力跟大腦有關，而心智則需要活力。
- 本書介紹的大腦回春療程包含從神經科學整理的九大經驗，並可再歸類為發展大腦回復力、培養活力心智與發掘覺醒的心靈等三大項，彼此相輔相成可供應年輕大腦的所需元素。

CH. 2 認識時光所建構的大腦

大腦如何演變成現在的模樣

「建構大腦是一項艱鉅的任務。」——大衛・林登(David Linden)，美國約翰・霍普金斯大學神經科學系教授

大腦是「三磅宇宙」——

你不覺得很奇怪嗎？人類的頭蓋骨藏著科學家所謂的「三磅宇宙」，一塊灰灰白白的膠狀物，漂浮在名為「脊髓液」的鹽海之中，竟然控制人類的一切？早在數億年前，人類和遠古祖先還沒誕生，大腦就開始不斷建構。生物史上所有形式的生物歷經多次重大實驗，才催生出最新最棒的成果——現代人的大腦。

為了讓各位更容易理解如何運用心智打造長期活力的健康身體，容我們先簡單說明人類大腦的演變和功能，這部分不需要神經學專業知識也能搞懂。一旦知道大腦具備某

些功能，你就會明白後半人生就像一瓶好酒，大腦功能隨著時間累積「越沉越香」，人生也變得更快樂踏實。

大腦有幾十億個神經元細胞，彼此產生數萬億條連結，在腦內形成細緻複雜的電子化學網路，網路則是由生活經驗和人際互動形塑而成。大腦要持續成長發展，靠的正是我們與周圍的這些互動。

大腦是個神奇的器官，就算是最枝微末節的功能，也要每分每秒掌管調節，人類才能維生。大腦重量不到全身的百分之二，卻要消耗百分之二十到三十的能量。如果能量短缺，就算是片刻也可能導致意識昏迷（如果血液供應沒有及時恢復，後果更不堪設想）。我們靠大腦創造並表達意見，回應周遭世界，不過最重要的是，我們靠大腦建立深層持久的情感關係，為人生帶來意義和目的。

大腦會隨著年齡變化。中老年大腦的處理速度會變慢，沒辦法立刻記起想講的話，或是很快學會新事物。但好消息是，我們可以影響大腦變化的方式，留住大腦的年輕活力，加強其他部分，補強無可避免的慢速。如果想要在變老的同時保持思緒犀利清晰，我們應該把保養心臟、皮膚、肌肉和身體其他部位的心力，拿來保養大腦。如此一來，即使我們開始經歷大腦變化的前兆，也不會太沮喪，甚至害怕。

我得了老年失智症嗎？

六十多歲的布萊恩提出的疑問，也是許多步入中年的人心中最深的恐懼：「我得了老年失智症嗎？」前幾年，布萊恩發現自己的心智能力大不如前了，於是他忍不住起了疑心。好比說，他越來越想不起人名、地名或事件的名稱，這些字一直「卡在喉嚨」，讓他非常沮喪。跟一群人聊天的時候，布萊恩常跟不上談話的內容，必須請對方再重複一次，有時候他乾脆放棄參與話題。明明跟朋友待在一起，他卻感覺自己像個局外人。還有，他發現很容易忘記想做的事，譬如他走到家裡某個房間，卻想不起來為什麼要進房間。布萊恩並不曉得，這些事其實在跟他同年齡或更年長的人間天天上演，這代表大腦功能改變了，但是跟大家害怕的老年失智症一點關係也沒有！

我們評估過上千位六十歲以上的成人，他們每天都跟布萊恩有著相同的擔憂。老化和死亡被我們文化視為可怕的事情。人們為了青春永駐撒下的數十億元就是最好的證明。

只不過布萊恩擔心的是比死亡更令人恐懼的事。他對老年失智症患者的死亡方式知之甚詳，他的心智和身體會慢慢痛苦地凋零。喪失記憶何其悲慘，大多人都害怕這樣的未來。好不容易可以放慢步調，悠閒過生活；好不容易孩子拉拔長大、事業闖蕩有成，放鬆享受的時刻終於來臨，布萊恩實在很擔心心智一退化，他夢想的未來就幻滅了。他說：「簡直就像被自己的大腦背叛一樣。」

幸好（而且倖免的人比你以為的還要多），布萊恩的疑問有個正面且令人安心的答案：「這不是老年失智症。」可想而知，布萊恩鬆了一口氣，接著是一連串合理的問題：「如果不是老年失智，那到底是怎麼回事？為什麼我會變成這樣？有什麼改善的方法嗎？」解答就在本書的第二部分和第三部分。

布萊恩是用單純的是非題表達他的擔憂：「我是不是得到老年失智症？」，但是真正的問題其實更細微，必須找出原因，直接處置。布萊恩想問的是：「我完蛋了嗎？」一般認為老年失智症沒得治，也沒有好轉的希望。對許多人來說，得到老年失智症就等於完蛋了。他們覺得老年失智症代表完全失去自我心靈控制，也完全無法掌握未來。這種人生誰不害怕？

幸好，後面章節會告訴你，這些猜想或假設在很多方面都說錯了。首先，就算布萊恩真的罹患老年失智症，我們還是有很多辦法可以維持生活品質。第二，恐懼老年失智的背後其實是恐懼老化，像是：我會變得很衰弱。沒辦法照顧自己、完全沒有自主權。而這類的憂慮只會越滾越大。

後面會告訴你，其實大腦是回復力非常強且非常飢餓的器官，它會急著想學習成長，即使現在人類的壽命越拉越長，大腦仍舊渴望持續學習。但別以為大腦可以自動保持活力，就好比坐在車裡期待車子會自動載你去任何想去的地方一樣。不論是大腦或車子，都需要駕駛和操控方向，而保持活力抵達目的地的工具就在你手中。

你可以像布萊恩一樣，化恐懼為正向行動，踏上充實的追求之路。繼續往下看吧，在學會療癒大腦之前，我們必須更深入瞭解人體最重要的器官。

認識你的大腦

大腦怎麼發展成現在這個外觀？哪些基本區塊經過無數個世代逐漸演變成現在的大

腦？大腦結構如何影響每天做的決定、人際關係好壞、追求幸福的方式，或從必經的失敗振作起來的能力？我們又如何使用大腦達成人生更崇高的目標，度過九十個年頭？

要了解人類神祕難解的大腦，可以先從分層和結構下手。人腦的分層結構經過數億年演化，總共分成四個重要的成長階段：本能大腦、情緒大腦、適應大腦，以及熱情、社交的大腦。

本能大腦：內在大蜥蜴

現在，你手握拳頭，這個拳頭就如同代表位置最低、最古老的大腦發展階段，又稱為「爬蟲類腦」。爬蟲類腦是直覺大腦，掌管我們最純粹、最基本的人類本能。本能大腦調節基本生命機能，例如呼吸、心跳、放鬆肌肉張力和基本新陳代謝；覺醒反應（例如在何種情況下該保持警戒機動，還是該放鬆慵懶）；還有意識到刺激並快速反應的能力，決定我們可以忽略接收到的物體，或是要發動迅速自動的反射動作。本能大腦不帶感情，沒有亂糟糟的情緒，沒有思考，不會為了每天決定大小事都得在心裡開辯論大會。

本能大腦控制純粹的本能反應，以及不加思索的身體動作。本能反應非常迅速，而且不會改變，只要遇到特定刺激，身體就會一而再產生相同反應。這是有好處的，至少我們都記得遇到做不了重大決定時，內心那種痛苦和煎熬。不必費心比較好壞優劣，直接說做就做，聽起來可能很棒，但是付出的代價卻沒幾個人願意承擔，那就是：大腦過度簡化。

知名科學家里歐・華生（Lyall Watson）曾說：「如果大腦簡單到我們可以全部參透，人類就會笨到沒辦法理解大腦了！」幸好，下一層大腦有明顯進化，讓我們可以做出更多反應，掌握生存優勢。

情緒大腦：交織記憶與感情

繼續往上一層是緣腦（也就是情緒大腦），這代表人類大腦又往前躍進一大步。為了方便想像，請用另外一隻手把剛剛握緊的拳頭包起來。這層新大腦包含舊有部分（拳頭）和新成長的部分（包住拳頭的手），人類得以產生情緒並加以調節。有了這些感情狀態，我們才能從事複雜的行為，例如哺育撫養後代、在社交團體建立人際關係，並且嬉戲打鬧（第七章會解釋為什麼懂得玩樂，大腦才健康）。這種不可或缺的邊緣結構是我們身為人重要的一部分：我們可以感受，並且讓感覺指引我們做出賦予生命的複雜行為。

情緒經驗又稱為情感，指的是不帶有與反省、自覺等常跟情緒相連的經驗。情緒包含感官知覺，但是兩者有所差別。例如走在沙灘上不小心踩到玻璃的疼痛就是一種感官知覺。一開始，你沒有任何情緒、判斷或恐懼，只有腳上的專門神經感知到皮膚被玻璃刺穿，於是將訊號從脊髓往上傳到爬蟲類腦的接收中心。這時候只有之前所提過的本能大腦在運作。

接下來發生的事顯示我們已經從本能大腦進化到情緒大腦。當你感受到玻璃碎片刺進腳底，痛覺會立刻轉成恐懼。恐懼狀態會擋掉其他考量，此時痛覺／恐懼訊號是最高順位，大腦當下處理的其他事物只能先擺一邊。這就是情緒的重要功能：讓我們專心處理最要緊的事。情緒能幫大腦決定哪件事可以插隊，優先獲得注意力和體力去處理事情。

情緒大腦不只擅長處理情緒，還能將情緒轉成動機。再回到被玻璃碎片刺穿的腳底的例子。神經仍然在傳送痛覺，而且又多了恐懼，這兩者加在一起立刻又送出電子訊號，透過脊髓直達大腦，產生強烈的行動意願，讓你縮起受傷的腳，換成單腳跳躍，並立刻彎下腰檢查傷口。

如果你之前就曾踩過玻璃呢？若真如此，你的過往記憶會加強情緒反應，幫忙建立動機，準備採取行動。記憶就是擷取經驗，儲存進神經網路，以供未來使用。靈長類動物也有記憶能力。記憶有兩個最基本的生存優勢：你會記住哪些可以接近（例如食物），哪些需要避開（例如獵食者）。當然，動物要懂得利用記憶採取必要行動，否則空有記憶力也是徒然。情緒的重要演變進化，就是懂得為專注力分辨出先後順序，幫當下最重要的事情「貼標籤」。如果周遭有很多事物吸引我們的注意力，情緒就能幫大腦做出最適當的判斷。

布萊恩害怕老年失智症和幻想悲慘的未來，這份恐懼讓他暫時失去行動能力。他沒辦法將情緒轉換成行動，繼續過生活。恐懼抹去其他可能性，害布萊恩一心抱持錯誤想法，認為人生就要完蛋了。但是，只要我們好好解釋，堅定地告訴布萊恩沒必要這麼害怕，他就能重新轉移注意力，學習如何把未來過得更充實。

布萊恩在療程期間摸索自己能採取什麼行動，同時我們也必須幫忙修正他對恐懼產生的反射性誇大反應。就像剛剛說的，當內心產生巨大恐懼時，大腦就會被迫專心處理恐懼的來源，我們要不對抗恐懼，要不就是轉身逃跑。布萊恩的經驗是轉身逃跑。他讓恐懼佔據了生活重心，看不見其他更有彈性、更適合、讓人生更開闊的可能性。因此，布萊恩必須學習接納煩惱，也就是坦然面對情緒的不安，不被擊倒。第三章會教你自由運用專注力，打好基本功接納煩惱。

情緒大腦能協調情緒、動機和記憶。但是這些都不需要用到自我意識。換句話說，我們不必意識到自己正在經歷或引導一項體驗，就能感受情緒、喚起記憶和產生動機。大腦還得經過數百萬年的進化，才能意識到「我是……」的狀態。

大腦發展的下一階段便來到適應大腦，大腦長出新皮質，幫我們成為「自己」。

適應大腦：發展細部

大腦在進化過程中，成功將嗅覺、觸覺、味覺、聽覺和視覺五大感官與本能大腦的自動反應相連。下一步，大腦進化成情緒大腦，創造基本情緒狀態，幫我們決定遇到狀況時該有的適合反應。接下來，大腦進化出做決定的美妙能力，能根據複雜的情緒改變行動步驟。這就稱為靈活反應，是適應大腦的招牌能力。

許多人認為生命進化就是循序漸進，慢慢變複雜。人腦無疑比果蠅的大腦複雜百倍，不過複雜程度並不是人類與動物的分界。人類的特別之處在於，我們能夠適應不同的環境與條件。這種適應環境的彈性是大腦進入第三階段發展出來的，是伴我們度過後半人生的重要資源。

第三層新哺乳類腦（包括新皮質）從上面包覆前兩層大腦。「皮質」（cortex）這個字源自拉丁文的樹皮，拿來形容外層大腦非常貼切。想像你握住拳頭，用另一隻手包住拳頭，接著將兩隻手塞進溫暖包覆的厚手套，那只手套就是新皮層，一層厚度達七公分的大腦組織。新皮層的神經細胞連結非常密實，組織增生的時候無處伸展，只能再往回對折。如果不這樣發展，大腦就會長得太大太重，重到連脖子和肩膀都無法撐起頭部。如果把新皮質攤平放在桌上，面積大概是兩張報紙的大小，想想看頭上頂著兩張攤開的報紙會變成什麼樣子！

新皮質皺摺上的溝壑（腦溝）和隆起（腦回）分成四個主要腦葉，每一個腦葉負責不同類型的知覺資訊，分別是枕葉（視覺資訊）、頂葉（３Ｄ空間資訊）、顳葉（聲音資訊，尤其是文字語言和非文字的音調及抑揚頓挫等說話方式），還有額葉（整合協調其他三個腦葉的資訊）。

有了四大腦葉，大腦功能更上一層樓，將感官（還記得刺進腳底的玻璃嗎？）升格成意義（下次一定要穿鞋子！）。換句話說，感知器官感受到的視覺、聽覺、觸覺、味覺和嗅覺在此整合成「完整的」體驗。請回想一下最近跟人聊天的內容：對方的長相、講話的嗓音、在空間裡做的肢體動作、身上傳來的古龍水或香水氣味，或者那天餐點的濃烈口感，這些感官全都融合成一個完整連續的經驗。若換成前兩個階段的大腦來當家，絕對達不到新皮質創造的社交意義和複雜程度。

不過神奇的人腦還沒全員到齊。在交錯複雜的人際網路與他人相處時，還需要第四層，也就是最後一層大腦。

社交大腦：前額葉大腦系統

布萊恩得知自己不是得了老年失智症，便不再那麼害怕。但是他還沒準備好面對前進的恐懼。布萊恩必須運用第四層大腦——前額葉皮質，才能驅走恐懼。前額葉皮質擁有下列五大核心功能，以打造熱情奔放、擅於社交的大腦：

- 察覺當下狀況。
- 注意到自己對當下狀況的情緒反應。
- 及時踩「心靈剎車」以免衝動行事。
- 汲取過去記憶，對當下狀況做出最佳反應。
- 擬定並執行適當計劃。

首先，布萊恩學會靠冥想集中注意力。接著，他越來越能跟自己的想法和情緒協調（例如做自我意識練習）。學會這兩種技巧，布萊恩就可以前進到第三步驟：更加感受情緒，培養正面情緒，藉此改善人際關係。一旦止住恐懼，他就可以專心打造更健康的自我形象，並與他人建立互助關係。

人類天生充滿熱情，喜愛交際。這兩個議題留到第二部分再討論。現在重點是老化讓我們感到孤立疏離，當身邊親友患病或去世，這兩種伴隨著老化恐懼產生的情緒就更嚴重了。

集中注意力、學會接納煩惱並培養正向情緒，才能跟他人重新建立關係。這三件事是孤立和孤單的根本解藥，布萊恩就是靠這些技巧控制住恐懼，並且學會在六十多歲的時候，繼續抱持樂觀，樂於發掘往後人生的驚喜。

增強神經元連結，記憶力不早衰

讓我們想想大腦一輩子經歷的變化。為什麼大腦不是越老越精密、功能越成熟呢？認知功能退化似乎是下半輩子注定發生的事，難道我們只能被動接受嗎？

神經科學研究員兼作家潘蜜拉・格林伍德博士（Pamela Greenwood）寫道：「並非所有健康老人都會認知退化，這件事也不是無法避免。」但你要如何增加機會，讓大腦一輩子青春有活力？就算可以避免退化，但大腦也一定會隨著年齡產生變化。我們不得不問，究竟大腦從出生到老年發生了哪些事？

想像一座古老的樹林，成熟茁壯的樹木在頭頂長成茂密的林冠。天色逐漸暗下來，暴風雨即將來臨。突然一道閃電擊中樹木，樹林瞬間被火海吞噬，只在林地留下一層營養豐富的灰燼。每一英畝的林地最多可以長出將近一萬五千棵新樹苗，但是只有一小部分的新生樹能存活。等到樹林又長出成熟茁壯的樹木，那時每一英畝大約只剩五十至一百五十棵樹，或甚至低於原本的百分之一。

大腦的一生也經歷非常相似的去蕪存菁歷程。人一出生時的神經元比之後所需的量還多。大腦成長就像森林大火一樣，一邊除掉許多神經元，一邊替留下來的神經元締造更多連結。樹林的枝葉越茂密，吸取維生所需的太陽能效率就越高。大腦則是神經元連結越緊密，大腦管理維生工作的能力就越強。

值得一提的是，成人大腦的神經元連結密度差異並不大，大多數人的神經元數量都差不多。譬如愛因斯坦的大腦神經元連結密度就跟一般人一樣。真正不同之處在於他擁有大量的特殊腦細胞，稱為「神經膠細胞」，這是神經元的生長支架。

目前還不清楚神經膠細胞如何加強腦內分享訊息的能力，但可以確定的是，愛因斯坦之所以是天才，原因是他腦內有大量且多種類型的連結路徑。雖然不能保證你一定是下一個愛因斯坦，不過我們可以教你如何增加腦內連結能力，進而提升生命的精力與活力。

增強腦力的實際步驟是本書第二部分的重點。每個步驟都稍微不同，但彼此相輔相成。有效運用這些步驟的方法，其實就跟大腦真正在學習成長的方法很像。從這方面來說，我們維持活力的方法原本就是以大腦的功能為基礎，讓這些步驟更容易融入日常生活，幫助調整身心，打造活力大腦。無論是生理（運動或飲食）、心理（培養好奇心、尋求心靈挑戰）或人際（靠同理心和玩心深化人際關係）方面的步驟，全都繞著同一套核心技巧組合。簡單來說，核心技巧要求以下三種能力：

- 持續定向的專注力。
- 願意不斷重複做同一件事。
- 用心審視自己的經驗，並且不批判或評價自己。

控制腦波，就可以改變個性

大海洋流影響地球天氣，腦波的波動也會影響情緒、理解和反應的模式。

小時候的大腦成長控制我們的心靈本質和天性，成長結果就反應在個性上。我們的個性和天氣一樣會改變。要主導下半輩子的改變方向，就得控制腦內三種電子訊號的波動方向：從下往上、從後到前、從右到左。只要慢慢改變這三種腦波波動方向，就能常保大腦精力充沛，一路直到高齡階段。

由下往上的方向，幾乎就是照著先前說的演化方向進展，將本能、情緒、適應和社交大腦串連在一起。由下往上的成長是由本能驅使，只要大腦皮質運作良好，大腦就能無限拓展能力範圍。

第二種成長方向是由後往前。枕葉、頂葉和顳葉將感官資訊送到額葉和前額葉，由大腦前方整合資訊，再基於這些豐富完整的感官經歷，擬訂計畫或下決定。

由右至左約莫是最重要的成長方向了。剛出生的前幾年，人體是由右腦作主。右腦似乎是負責處理全新、前所未見的經驗。接下來的人生，隨著大腦累積知識經驗，並慢慢將之分門別類之後，左腦才漸漸加入主導行列。

到了下半人生，下上、後前和右左的發展已經很完全了。我們已經累積足夠的生活經驗，熟悉事物，掌握技能，對平常工作和人際關係得心應手，日常問題也都能解決。

另一個重要模式對大腦活力也有重大影響，那就是上面提過的神經元去蕪存菁。神經元的森林大火模式會持續一輩子，但是只有剛出生的前幾年燒得很勤，之後大火的速度就緩慢許多。大致上，最後發展的大腦區域最常發生大火，除非我們採取行動反轉趨勢，否則到了老年，這種森林大火順序會害認知能力衰退。

用盡廢退，頭腦越用越靈光

布萊恩必須了解老化的正常現象會影響額葉和前額葉。以下是他在初次評估時提到的一些擔憂：

- 處理資訊的速度變慢。
- 比較沒辦法跟上多人談話，或一次注意很多事情。
- 很難長時間專心。
- 學習新知比以前吃力。
- 沒辦法立刻回想起資訊（例如人名、詞彙或方向）。

以上變化都是正常的老化現象，不一定是疾病所引起。這些心智變化也反映出生理產生的相同變化（例如動作變慢、體力變差，而且學鋼琴、游泳或新語言也越來越難）。不過比起心智變化，人們通常比較能接受生理變化，可能是因為大家認為心智變化就是一種無法治癒的疾病。我們希望可以扭轉這種想法。

大腦最後發展的區域是背外側前額葉皮質層，這是解決問題、擬定計畫和下決定時最常動用的大腦區域。最常第一個被注意到的細微老化變化，就是這些能力變差，不過能力變差可能單純只是那部分的大腦隨著年齡衰退了。

幾年前，「用進廢退」（use it or lose it）這句話流行了起來。事實證明這句話說得沒錯。大自然只會保留有用的器官，節省珍貴的能量。公麋鹿長著一對鹿茸，重達二、三十公斤，公麋鹿通常會在春天發情期用鹿茸跟其他雄鹿打架，搏得雌鹿芳心。但是一到冬天，費力頂著二十多公斤的鹿茸不只沒必要，甚至非常危險，因為多餘的重量會消耗過冬所需的寶貴能量。所以公麋鹿會削去鹿茸，等到明年春天再長出一對新的。

同樣的道理，腦神經網路也是按照人們所使用頻率調整比例。心智能力若不常使用，資源就會被拿去分配給其他能力，導致心智慢慢退化。重點是，我們可以主動決定要最常使用哪些腦神經網路，藉此保存既有的能力，並延緩解決問題或其他重要心智功能的退化時間。

一般大腦會有一種或兩種老化的路徑。如果能維持健康的身體和心智（確切方法待後詳述），「正常老化」要到八十歲之後才會稍微出現感知能力衰退。另一種路徑則跟老年失智症有關，大腦的特定結構會明顯逐步遭到破壞，時間一久，這類的疾病就會對認知能力造成顯著傷害，慢慢侵蝕大腦的獨立判斷機能。

在人口快速老化的同時，越來越多人也開始擔心老年罹患失智症。到了二〇二〇年，有五分之一以上的人口會超過六十歲，而且越來越多人會活過八十五歲。按照估計數據，接下來二十年，每天都會有一萬名美國人年滿六十五歲！

也就是說，很快就會有一大群人面臨需維持大腦活力，以達到健康老化的機遇。調查顯示，戰後出生的嬰兒潮世代，比起其他社會族群對未來生活更加悲觀，因此我們特別希望可以正面影響他們的未來觀。要是這八百五十萬人錯失健康老化的機會，放棄正向充實的可能，就這樣渾噩度過後半輩子，人類潛能簡直是白白浪費了。

我們也會擔心罹患失智，不過現有數據實在太誤導大眾了。現在的確有越來越多人罹患不同類型的失智症，但這不代表失智症像流感一樣，會在人群之間「互相傳染」。換個角度想：就算罹患失智的比例不變，只要老化人口增多，失智老人的人數當然也會上升。表面上看起來失智人口變多了，實際上只是因為老化的人口增加，自然而然就發展成這個狀況。由於第一世界國家的人類壽命延長，社會和醫療開始出現嚴重問題。我們雖然知道如何延長壽命，卻不懂得怎麼把多出來的歲月變成充滿意義和目標的人生。

當記憶比夢想還多，那就是老了——

大腦是個貪婪的資訊處理器，總是想知道更多知識，左右腦也各有不同的方法表現它們的求知慾。右腦會說：「嗯……真有意思，我從沒遇過這種事，讓我好好想想。」左腦則會說：「我認得這個。我遇過，我懂。」

資訊分成兩種，一種是我們可以認出模式的熟悉資訊，一種是全新模式、不熟悉的資訊，必須先解讀分類。右腦可以從新資訊擷取出模式，交給左腦貼上詞彙標籤，儲存起來，之後可以派上用場。語言是分享經驗的重要工具，所以很多長輩沒辦法很快記起想講的話，就會顯得很沮喪。隨著年齡增長，左腦還是繼續儲存累積的生活經驗，而右腦處理新資訊的能力則慢慢減弱。

等等，確定是這樣嗎？

右腦真的老得比較快，害我們失去心靈彈性，越來越「不懂變通」嗎？人們常說老年人死腦筋，究竟老年人是真的很固執，還是因為每天已經養成固定習慣，所以大腦不需要再消化新經驗？這是典型的「雞生蛋，蛋生雞」問題，目前研究還沒有定論。只知道如果故意讓自己和大腦接受新的體驗與挑戰，像布萊恩那樣學習新技巧，右腦的功能就會進步。

老化的大腦似乎真的是「用進廢退」。時常運作、接受刺激的區域可以保持常態，甚至成長；但常被忽略的區域就會弱化萎縮。一位老師曾經說過：「當記憶比夢想還多，那就是老了。」這句話完美點破老化遇到的挑戰。我們是否每天依循成規，安於現狀，把越來越多的注意力放在我們早就知道的事物（記憶），還是繼續發展志向，終身追尋呢（夢想）？

年紀，要靠智慧累積——

老化和年輕的大腦差在哪？隨著年齡增長，稱為「認知官能」的大腦能力確實會變化。神經心理學的專門測驗可以測出這些變化，而且有固定的分類。快速處理資訊是年輕大腦的本分，老化大腦補充再多營養都比不上。生命每過十年，大腦處理新資訊的速度就會減緩一些。一心多用或心無旁騖的能力似乎也會隨著年齡下降。負責計畫和達成個人目標的工作記憶效率降低，儲存使用資訊的能力減弱；在做複雜決定，尤其是迅速下決定的能力會自然跟著退化。還有，額葉和前額葉的超級功能也會減損。有時候老年人甚至沒辦法好好控制情緒和肢體動作（例如易怒、沒耐心、更常陷入憂鬱）。

神經科學測驗可檢視大腦的能力，其他核磁共振或正子斷層掃描則能檢查大腦物理結構的改變。證據指出，老化的大腦組織真的會變小或萎縮。大腦造影研究發現老年人的腦部比較「瘦小」，大腦體積逐漸縮水。其中縮水最明顯的區域是海馬迴，大腦皮質變薄也是常見現象。海馬迴是形成新記憶的重要大腦結構。但也別失望，這些變化到底有什麼實質影響，目前還沒人搞清楚！

一般成人的海馬迴或許會逐漸縮水，但是海馬迴也是最容易長出新神經元（也就是「神經生成」），冒出新的神經元連結（突觸）的結構！我們在大腦灰質觀察到的縮水現象，代表大腦損失神經元，腦細胞數量減少。但是剩下的神經細胞可能會產生更密集的連結，就像成熟大樹的枝葉茂密到所有陽光都被擋住，林蔭下沒有任何一絲光線。除了失智患者的個案之外，連大腦白質（被髓磷脂包住的軸突，髓磷脂可加快神經細胞傳遞電子訊號的速度）的縮水研究，都找不到縮水和認知退化的強烈關聯。儘管老化改變了大腦結構，目前也幾乎沒有證據證明結構改變會損害大腦功能。

另外，當生活充滿刺激的心靈、身體和情緒挑戰，而且不是有壓力的負面經驗時，大腦就會給予非常正面的回應。舉個例子，一項關於積極參與退休社區活動的中老年修女的重要研究顯示，從她們的大腦造影發現其大腦明顯萎縮的情況和失智患者一樣。但是修女們每天心智非常活躍，也常常與人互動，這似乎對大腦有一種保護作用，所以即使是年紀很大的修女，認知能力也沒有退化的跡象。看來，大腦的大小並不是那麼重要，腦內的連結、數十億個部位的化學、電子和結構關係，才是健康老化的關鍵。

大腦是異常好動的器官，一輩子都能調整適應環境。之前認為「大腦一出生就已長好所有細胞，數量只會越來越少」的說法，近來已有研究加以駁斥。事實上，大腦一輩子都可以長出新神經元，如果長期處在充滿刺激的環境，更能促進神經生成。新神經元形成後，神經細胞會在大腦內移動，跟著細小的路標抵達目的地，互相連結，加入更複雜的神經細胞網路。

髓磷脂是包覆某些神經細胞的脂質，可以將傳訊速度從每小時兩哩提升到三百哩。以前認為髓磷脂是無法修復的物質，現在知道就算是老年大腦也可以再生新的髓磷脂。因此，即使整體處理資訊的速度變慢，腦細胞網路分享資訊的速率依舊可以保持穩定，甚至加快。

樹木不管過多久都長得出新枝枒，研究發現單一神經細胞也能一直長出新的樹狀軸突。這就是為什麼大腦體積和功能可能成反比。換句話說，大腦越小，認知功能可能更厲害，心智效率更佳！想一想，經驗豐富的樂手是否比菜鳥更快學會新樂曲？樂手累積數十載的音樂經驗在腦內形成密集的迴路，將閱讀、學習和演奏的大腦區域全都連在一起，學習效率自然比菜鳥高。雖然神經元的數量變少，但只要在細胞之間製造夠多的化學電子連結（即「突觸」），神經元還是可以連成密集的網路。突觸連結形塑出精緻的網路，能根據大腦提出的要求做反應，會成長、適應並改變（即「神經可塑變化」）。

一般人以為大腦老化是個大災難，其實不然。現代科學越來越理解大腦的動態能力，了解該如何應用大腦能力提升後半人生的生活品質。儘管老化之後，生理心理功能減弱，但我們還有累積一輩子的經驗倉庫，可以跟老化的正常衰退相抗衡。年輕的力氣、能量和速度無法取代寶貴的智慧。智慧只能靠時間累積，而本書就是要教你一步步加強累積智慧的能力。

重點 Key point 觀念

- 所有曾經在地表上行走的生物，其大腦成分都能在現代人的頭殼裡找到。
- 大腦分成幾個區域，各司其職，但是這些區域必須同心協力，我們才能發揮最大潛能，老了以後更是如此。
- 大腦健康運作的其中一項要領是，當某件事物觸動情緒或心理開關的時候，學會在做出反應之前先在心裡踩剎車。
- 給大腦接受各種刺激、挑戰和新奇事物，大腦就能一路健康到八十歲。

CH. 3 培養專注力

控制心智影響力，就能創造健康大腦

「能夠一而再、再而三主動拉回渙散的注意力，這種能力正是判斷、個性和意志的根源……若有教育可以強化此能力，那就是最棒的教育。」——威廉·詹姆斯（William James），現代心理學之父

五十四歲的中階主管查爾斯向我談起他的職場壓力。他的工作能力很強，客戶很喜歡他，但在全球競爭的新時代下，他越來越覺得工作可能不保。很多企業要求員工提高效率和生產力，他的公司也越來越看重科技，這讓他感到吃不消。他悲嘆道：「我好像一隻恐龍卡在快速變遷的世界，漸漸認不得周遭的一切！」

現代工作性質快速轉變，越來越多人跟查爾斯懷有同樣的感慨。查爾斯遇到的挑戰代表五十多歲的大腦受到衝擊，被二十一世紀初期橫掃職場的變遷搞得團團轉。公司要求員工一心多用、迅速決策，並且要快速適應新科技，員工被這些要求和更多的期許逼

得壓力倍增，尤其步入中老年的員工更是恐慌。為了維持效率，我們必須控制專注力，並且保持專心，但是越老就越難全神貫注。要進入專心狀態，光靠健康的大腦還不夠，還要培養堅定的意識，才能更有技巧地操控專注力。

我們可以一心多用？沒這回事！

查爾斯讓我們一窺他的世界，那個世界有很多事物會分散注意力，現在很多人應該也慢慢進入這個世界了。查爾斯每天把時間花在講電話、打電腦或開會上，但是不管他做什麼事，總會有別的事情害他分心。

「我把手機關震動，但是電話還是一直進來。」他說：「我跟達拉斯的客戶講電話的時候，倫敦那邊就有人打來。由於我和客戶有時差，我必須盡快回應他們。再來是簡訊和電子郵件，每天都有回不完的訊息。每件事都要優先處理，至少對方都認為他的事情不能等。我很擅長一次處理很多事，但是進度還是落後。我就是會一直分心！」

查爾斯的故事不是例外。事實上，現在很難撥出一小時完全專心，不被打擾。用電腦工作的時候，你可能會偶爾開一下臉書或推特，收個簡訊或檢查語音信箱，開電子信箱收信或回信，或者有同事來找你等等。再舉個例子，你有多久沒有好好寫完一張備忘錄，中間沒有其他訊息跳出來害你分心？更誇張的是，很多公司希望員工隨傳隨到，所以員工下了班還是要處理工作事務。

你可能會好奇這到底有什麼關係。這些干擾和分心的事物真的會影響大腦的專注力嗎？我們不是可以一心多用嗎？如果多加練習，我們不能更快轉移注意力嗎？

研究顯示這些干擾對大腦影響很大，而且我們沒有真的很會一心多用。事實上，神經科學家說根本沒有「一心多用」這回事。我們沒辦法同時做兩件事，只能在兩件事之間快速轉換注意力，當然每個人轉換的能力就有所差別。

有一項知名實驗將六個年輕人分成兩組，分別穿上黑色和白色衣服，然後錄下他們互傳籃球的影片。接著研究人員請實驗對象觀看影片，並下達一個清楚簡單的任務：數一數白隊傳球給隊友的次數。

不過整個實驗的重點不在次數正確與否，而是實驗對象有沒有發現年輕人在傳球的時候，有一位穿著猩猩道具服的女人穿梭在年輕人之間，搥一搥胸，然後消失在畫面之外。令人驚訝的是，一百九十二位受試者有一半以上都沒發現「中間有猩猩」！這代表什麼？實驗結論寫著：「我們只能接收並記住專心注意的對象和細節。」

換句話說，我們必須選擇要專注處理哪件事情，當下其他比較不重要的事就會被忽略。最近研究人員又再做一次實驗，這次換六十歲以上的受試對象觀看影片，結果發現更少人注意到畫面上的猩猩，看來老年人更難注意到沒意料到的事物（猩猩）。

結果證明，人類對於「分散注意力」這件事顯然沒那麼擅長。但所謂一心多用又是怎麼回事？我們不是可以一次做很多事嗎？

一七四〇年代，英國切斯特菲爾德國王（Lord Chesterfield）在寫給兒子的信裡如是說：「如果一次只做一件事，一天就足以完成所有工作；如果想要一次做兩件事，那麼一整年的時間都不夠用。」早在我們被科技誘惑，想掌握資訊洪流之前，切斯特菲爾德就已經在提倡專心致意的好處了。

無論公司要求多高，一心多用、一次成功做好兩件事，似乎是個錯誤觀念。人腦確實可以快速轉換注意力，但是也要付出代價。就像查爾斯在工作遇到的困境一樣，一直分心會浪費時間和精力。許多專家表示，一直切換注意力會變得沒有效率，可能還會變笨。加州大學的研究人員艾爾文驗證查爾斯的心境變化：員工可以加快動作，彌補各種分心的時間，但是這麼一來，員工會承受更多壓力、挫折和時間壓力。

大衛・梅爾博士（David Meyer）在密西根大學擔任心理學教授，研究一心多用。他認為我們可以學著更有效率切換注意力，但是壓力荷爾蒙上升會影響短期記憶力，還有可能引發長期健康隱憂。我們在看診室見多了，工作壓力、時間壓力和生產壓力都是憂鬱和焦慮的最常見成因。

另一位研究人員羅素・伯卓克博士最近在全國公共廣播電台受訪時表示：「現代社會變化的方式會害人類付出代價，這種工作方式並不適合我們。專注是人類的天賦。當我們逼自己一心多用，就算感覺上效率加快，長期下來可能反而降低效率。」

奇怪的是，常常一心多用的人不見得可以越做越好，反而會越來越差。一連串實驗發現「一次使用多種電子產品的重度使用者，在切換注意力的測驗上表現更差」。即使他們常常在各種事物之間轉換注意力，表現仍然比不上那些較少使用電子產品的人。研究人員的結論是：「很有可能是他們摒除干擾的能力下降」，意思是他們沒辦法判斷哪些事情不重要，所以只要專注在一件事情上。或許他們可以很快切換注意力，但卻無法分辨事情的優先順序。

為什麼那麼容易分心？

管理注意力的系統就像一道入口，大腦從中接收無比複雜的龐大資訊。舉個例子，數十億個光子在一秒之內撞上視網膜的感光細胞，這時大腦要解析電子訊號，再轉換成雙眼看到的圖像。同一時間，大腦還得接收撞擊耳膜的音波、舌尖和鼻子的氣味分子，還有皮膚碰到物體的觸感。大腦竟然從這麼多資訊中理出「條理」，決定每天生活的樣貌，想來真是不可思議。只有極致精細的注意力管理系統，才能過濾所有資訊，在一堆背景雜訊中挑出相關訊號。

每個人的大腦都有內建的管理系統，但你可能已經發現大家控制專注力的程度並不一致。有些人有注意力異常問題，例如注意力缺失症（ADD）患者不管多努力都無法專心。不過就算沒罹患這類疾病，很多人還是管不了自己的注意力，進而影響日常生活。由於太多人容易分心，專注力不足變成常見的困擾。

如果你和查爾斯一樣，老是因為其他事情分心，不必太沮喪。後面章節會教你如何運用心智加強專注力。我們先來看看專注力的複雜生物系統有哪些元素，就從四個S說起：選擇（select）、壓制（suppress）、保持（sustain）、轉移（shift）。

- **選擇**：一開始，額葉會決定大腦需要注意哪些事情。周遭無數可以注意的事物，那個最重要？選擇性注意力能幫心靈找到正確的活動範圍。比如說，想像你打開冰箱，只想拿醃黃瓜來吃，如果你選擇只專注在醃黃瓜上，就幾乎不會注意到其他食物了。
- **壓制**：這個動態世界每分每秒都在改變，大腦隨時被各種刺激轟炸。壓制不相關事物的能力是選擇重要事物能力的好搭檔。有了壓制能力，你才能忽略在餐廳裡電視的聲響，繼續跟朋友聊天。但是假設今天播的是你很想看的足球賽，你又正好面對電視，那壓制能力可能就抵擋不住足球賽的誘惑，害共進晚餐的友人覺得很悶！
- **保持**：如果大腦不能刻意保持專注，注意力就會跳來跳去，無法有效計畫或記憶，最終達不成目標。若真如此，每一刻對大腦來說都是當下，沒有過去未來，無法感受時間的流逝。閱讀這段文字的你就是在保持專注，否則你的注意力早就飄到其他各式各樣的分心事物上了。

轉移：最後一個S是在適應狀況出現變化的時候，能無縫轉移注意力。本來正在專心做一件事，如果突然比較重要的新事件蹦出來，注意力就會轉移。

舉例來說，我們能在活動場合跟人談話，是因為大腦把其他對話內容給壓下去。不過幾乎所有人都曾經在談話的時候，突然轉頭跟另一組人插話，接著他們的話題繼續聊下去，好像你一直都在跟他們聊天。你自己沒發現，其實那個場合很多對話你都參與了，只是大腦壓低對其他談話的注意力，一直到聽到重要內容，譬如有人提到你，注意力才會真正放到該對話上。這時候，大腦轉移了注意力，選擇要專心參與新的對話，並且保持專注讓你插話，同時一邊壓制其他令人分心的聲音，最後再將注意力轉回原本談話的對象。

大腦確實隨時隨地都在過濾極大的資訊量，不管我們有沒有察覺到，這些資訊都會直接影響我們的思緒、情感和行為。既然只有一小部分的資訊進入腦內意識，我們大部分的時間就像看不見前方的飛行員，單純靠大腦的能力帶我們前進，有時候我們甚至不知道大腦有這股力量。如第二章所說，大腦進化之後已經擴大意識範圍，但是我們必須更努力挖掘這項潛力。我們得學習如何引導並擴大意識到正面方向，唯一可行的辦法就是有意識地刻意運用專注力。

發揮技巧運用專注力，就像優秀的攝影師拿著一台好相機。攝影師懂得利用光圈大小和快門速度控制光線、調整景深。同樣道理，我們也能調整資訊進入腦內的速度和數量，藉此駕馭專注力。要有效練習，就要找到平衡，不能太多或太少。保持中間剛剛好。

胡思亂想讓人不幸福，正念教你活在當下

查爾斯（本章開頭那位被一心多用累慘的員工）和他的大腦沒什麼問題。他沒有注意力缺失症，沒有失憶，注意力系統也正常運作。他只是被那些快速向他湧來的資訊量壓得喘不過氣。其實查爾斯很聰明、精力充沛又很願意做事。但一直到他學會沈澱心靈，將注意力引導到他選擇的地方，並且有意識地刻意這麼做，才不再感到掙扎。

大家都曾被生活壓得受不了，而且通常會產生兩種反應。太多資訊湧入腦海淹沒我們，就像攝影師光圈開得太大，過多光線進到鏡頭，導致照片其他細節模糊不清。查爾斯就是呈現這種反應，結果變得更容易分心，思考更快但也零碎。副作用是壓力大、焦慮、睡不好或記憶力減退。

第二個常見的反應是置之不理，以為能擋掉層出不窮的干擾，結果徒勞無功。反而思考變慢，整個人慵懶無勁，甚至有點憂鬱。這種反應就像晦暗不明的照片，生活失去光彩，完全提不起精神，變得死氣沈沈。

無論哪一種反應，我們就像菜鳥攝影師，不知道有光圈可調，所以犯下許多錯誤；又或者我們知道必須調光圈，卻不知從何下手。不管你是哪一種菜鳥，只要學會自我調整，也就是善用「覺知」的技巧，加以練習，情況肯定能好轉。

一行禪師曾說：「注意力是我們給別人最珍貴的禮物。」這就是「正念」的概念——透過意念的力量，有意識地時時覺察當下。聽起來很簡單，做起來也確實不難，但其中有很多微妙的小地方，就算一輩子練習正念，仍有更多的覺察空間，值得花一生努力追尋！

正念是古老的修行，常常跟佛教連在一起，但是非佛教徒也能從中受惠，我們認為正念是所有精神傳統共享的觀念。數十年前，美國醫療體系主流出現一種傳授正念的特殊方法，稱為「正念減壓療法」（Mindfulness-Based Stress Reduction）。我們對病人採取正念減壓療法已經超過二十年，也親眼見證正念課程變成眾多身心健康疾病的重要療程。理由很單純──它真的有效！正念訓練改善的病症數量多到令人刮目相看，從慢性下背疼痛到乳癌，甚至是改善免疫系統的健康活動。

專注力的好處說不完，最重要的是能讓我們變得更幸福。麥特．齊林司沃斯博士（Matt Killingsworth）有一份重要調查，研究人們每個時刻的幸福程度，調查對象是全球各行各業一萬五千名人士。調查期間，齊林司沃斯博士隨機挑時間發送訊息到受試者的智慧型手機，問他們剛剛做了什麼事、感覺如何、剛剛是專心做事還是心思散漫等問題。受試者的答案顯示心思散漫的時間占百分之四十七。有趣的是，我們最常胡思亂想的時間是洗澡刷牙（百分之六十五），最不常想東想西的時間則是做愛（百分之十）。但是，不管我們做任何事，心思就是有辦法亂跑。

那麼，想東想西和幸福有什麼關係？研究發現，兩者關係可大了。不管當下做什麼事，人胡思亂想的時候最容易不開心。就算當下正做的是不喜歡的事（例如上班通勤），若是你放任心思亂跑脫離當下，也不會比專注覺察當下來得快樂。我們以為擁有財富或結婚是幸福的關鍵，其實想東想西影響幸福的程度更甚，而且這種影響力僅有一種結果：胡思亂想只會讓人不幸福，沒有其他可能了。現在，你有更好的理由必須更常活在當下，這就是正念的精髓。

活在當下不是隨時保持專注警戒。大腦進化出心思渙散的狀態，表示放空也有一定的好處。好比說胡思亂想能促進創造力和想像力，有助於回憶過去、計畫將來。有時遇到問題想破頭還是解決不了，反而沒在想的時候才會靈光乍現。

大腦在專心和分心之間切換的傾向甚至可以當成進入覺知的途徑，古老的正念冥想精髓就在於此。一開始學習冥想，首先要在當下反覆進出。心思在冥想期間本來就該漫遊，這不是件壞事，反覆進出專注意識反而可以增加正念力量。

發呆恍神的時候，大腦會進入科學家所謂的「預設模式」，這不表示大腦是處於靜止或休息狀態，而是不同的大腦區域網路活動量增加。這種預設網路模式可能是整合所有吸收資訊的關鍵。等我們回到專心模式，大腦活動的區域就完全不同了。這兩種活動都很好，缺一不可。不過當我們刻意從預設模式換到更專心的狀態時，神奇的事發生了，專心覺知的能力更加強化了。

溫蒂．海森坎普博士（Wendy Hasenkamp）是一位長期冥想的神經科學家，她想知道大腦在冥想的時候發生什麼事，於是她在受試者進行正念呼吸冥想的時候，替他們做功能性核磁共振造影檢查（fMRI）。呼吸冥想的做法是，每次呼吸都要將飄走的心思重新帶回到呼吸上。只要冥想者發現心思已經跑掉了，他們就會按下按鈕知會研究人員，然後讓這些人的心思重回呼吸上。

喚回飄移的心思有四個階段：注意力跑掉了、你注意到這件事、將注意力拉回來，然後繼續保持專注。這個實驗的受試對象就是專注在呼吸上，整個過程平均十二秒，而且一次冥想，心思就會飄移很多次。核磁共振資料顯示，大腦在專心和分心的時候，的確是使用不同區域。大腦從預設模式變成專心模式的轉換期間，首先會啟動偵測相關事件的區域，再換成負責執行該事件的區域運作。執行區域就能繼續專注呼吸，至少可以維持一陣子。這種進出覺察狀態、輪流啟用大腦不同區域的循環，對腦部似乎是有益的。

每個人本來就常在專心與分心之間轉換，但是如果能加入冥想練習，對自己其實是很有幫助的。冥想者跟一般人一樣會分神，但他們擅長「發現」此事，發現之後就能刻意將心思從預設模式喚醒，繼續回到專心模式。把心思拉回當下必須運用多個重要腦部區域，因此可以強化大腦，就像你到健身房紮實地做了一輪全身運動一樣。強化大腦就像運動，只要勤加練習就能越做越上手。遇到重要會議或談話的時候，你就能確保自己不分神。上述研究還發現，經常喚回注意力可以減少陷入反覆思考的時間，讓我們更快樂，畢竟反覆思考通常都會引發負面情緒。誠如溫蒂．海森坎普博士所言：「從事冥想的人說，『放下』思緒變得比較容易，不會再被想法牽著鼻子走。」

如果你害怕冥想練習，或者已經試過但不成功，請打起精神。研究指出，想藉由冥想改善大腦其實沒那麼難。一項研究發現每天冥想二十分鐘，只過了四天，認知技能就大幅改進！這項研究將六十三位受試學生分成兩組，一組做冥想訓練，另一組聽人大聲朗讀托爾金（J.R.R Tolkien）的《哈比人》小說。實驗開始之前，兩組同學的情緒、記憶力、專注力和警戒心程度相當。有趣的是，實驗結束後，兩組的情緒都有改善（說不定讀《哈比人》可以讓人心情變好），但只有冥想組的認知能力增加，而且他們保持專注的能力變成原本的將近十倍。這表示冥想首先可能會增進並保持專注力，而且不用練習很久就有成效。冥想的好處就跟其他好事情一樣，時間越久成效越佳，而且剛開始好處就不少，其他正向效果不久後也會顯現出來。

冥想能調節情緒，激發愉快的能力——

如果查爾斯聊工作壓力的時候你也在場，你大概會跟我們有同樣感覺——他的心中充滿怒氣和沮喪。他也很害怕，怕自己可能失業、失去收入來源，也失去自我。還有一種情緒偷偷藏在最底層，那就是哀傷，哀嘆自己曾經想望另一種五十四歲的人生，如今卻都沒有實現。

你可能一聽就聽出他的各種情緒，然而查爾斯自己卻沒發現。他只知道自己不開心，但是說不清背後有何含義。查爾斯跟大多數男性一樣，心中有千思萬緒，自己都沒發現。儘管女性比較懂得自己的情緒，但真正發現情緒又很會處理的成人，不管男女，我們都很少遇到。如果不好好面對情緒，內心可能會充滿負面情感，這是任何人都不想要的結果。認清自己的情緒，並瞭解如何處理，將這兩種助益甚多的技巧結合在一起，就是所謂的「情緒調節」。懂得情緒調節的人通常有以下特質：

- 情緒調節得宜的人知道每一種情緒都有該扮演的角色、目的和美妙之處。所有情緒都值得稱頌。
- 清楚知道自己正在經歷哪一種情緒，是好是壞，或是超級糟糕。
- 可以覺察當下，享受正面情緒。
- 可以和悲慘痛苦的情緒和平共處。
- 在宣洩情緒和壓抑情緒之間找到平衡點，不多也不少。
- 把自己留在當下，不被強烈的情緒帶著走。
- 能夠融入周遭的情緒。他們富同理心，可以察覺他人的情緒或需求，因此能建立更高層次的人際關係。

對大多數人來說，愉悅或中性的情緒不是問題，討厭、難過的壞情緒才是真正的大魔王。負面情緒幾乎會伴隨壓力反應，於是就觸發第二章提過的「情緒大腦」。負責「戰或逃」反應的壓力荷爾蒙會調高警戒系統（杏仁核），讓大腦其他部位保持高度警戒。如果你身處危機，這是非常有用的機制。稍後待危機解除，記憶中心（海馬迴）就會加入行動，教我們記得下次要避開類似的威脅。

如果你真的遇到實際危機，而且危機解除後壓力系統自動關閉，那一切就都沒問題。偏偏二十一世紀的壓力大多來自心理，而不是生理，而且你應該也知道，一旦壓力系統開啟，可能過很久都關不掉。壓力系統如果一直沒關掉，負面情緒就會被放大，例如憤怒、煩躁、恐懼或悲痛，就像纏住查爾斯的情緒一樣。只要這些負面情緒一直賴著不走，好比說一週五天都去上討厭的班，大腦中心就會一直維持活動狀態。我們把持續發散的負面情緒稱為情緒反應，這是憂鬱症等心理問題的一大成因。如果大腦中心能恢復平靜，解除「戰備狀態」，不只當下心情會變好，還能減少慢性生心理疾病的風險。

最近有一項研究給受試者看負面情緒（痛苦難過）的圖片，同時利用功能性核磁共振造影檢查他們的大腦活動，結果發現稍微受過正念訓練的人，杏仁核和海馬迴的反應比較小。而且越熟悉正念的人，高階大腦區域越能輕鬆恢復平靜。換句話說，強化正念力量等於強化大腦前額葉，所以才能輕鬆撫平心情，讓大腦把珍貴的資源留去做其他事情，例如降低壓力反應。

拿運動來比喻正念練習再適合不過了。艾琳・呂德斯（Eileen Luders）是加州大學洛杉磯分校的神經學系研究員。她和同事用高解析核磁共振造影比對四十四位受試者，一半是從事冥想的人，另一半是年紀相當的非冥想者。他們發現冥想者大腦負責專注、情緒調節和心靈彈性的區域擁有更多灰質，而且腦部體積更大，就像舉重的人肌肉變多一樣。並且變大的區域都是真正有用的地方，尤其是海馬迴、眼窩額葉皮質、視丘和顳葉顳下迴，皆是調節情緒的區域。

「我們知道長期冥想的人有一種能力，可以培養正面情緒、保持情緒穩定並掌控心靈行為。」呂德斯說：「這些能力可能替神經元打下穩定基礎，賦予冥想者卓越的情緒調節能力，不管生活拋出什麼問題，他們都能調整好心情再回應。」

明尼亞波利斯的「佩妮喬治健康醫療機構」有一位艾蒙斯博士（Dr. Emmons），他根據《快樂的化學原理》[1]研發出一套療程，用藥物以外的方式幫憂鬱症患者康復。此療程以四十位罹患重度憂鬱症的醫療人員為研究對象，療法包括營養、運動和著重情緒

1. 作者的著作。

調節技巧的正念訓練，結果發現「百分之六十三至七十的人減輕憂鬱、百分之四十八減輕壓力、百分之二十三減輕焦慮。還有生活各方面品質也有所提升，例如百分之五十二的人減少「假性出席」的時間（假性出席意思是指人進了公司，做事效率卻很低）。」跟一般療法相比，該療程效果非常顯著；更令人驚訝的是，療程結束後，所有改善效果至少都能維持一年。

冥想是一種身心技巧（後面章節會教），可以讓大腦的情緒反應區域冷靜下來。研究顯示冥想者的邊緣系統確實比較平穩。培養覺知可以強化大腦高階區域，如前額葉皮質等，幫助情緒中心恢復穩定，就像一位冷靜能幹的家長優雅安撫鬧脾氣的孩子。順帶一提，若孩子懂得控制自己的情緒，長大之後更有機會實現自我。

人都會死，所以你該知道如何活著

自從查爾斯學會冷靜心思、提升專注力、認識並有效管理情緒後，他只剩一些關鍵問題要思考，這些問題也藏在每個人的生活表面之下。查爾斯的核心問題是，他才發現自己想從往後的人生獲得更多。他要的不是更多錢、物質、認可甚至愛。他放慢腳步，把人生認真檢視一遍，才知道自己已經擁有夠多。現在他最想要的，是活出更完整的自我。

如何認識自己？如何活得更充實？如何真正擁抱自我，與自己和平共處？這種問題已經超越科學範疇了。要踏上尋求解答的路程，就必須跨越界限，從生物學跨到心靈領域。而且聰明人一定知道，出發前應該先向前輩討教討教。

韋恩・穆樂（Wayne Muller）的《那麼，這一生該怎麼活》（*How, Then, Shall We Live? Four Simple Questions that Reveal the Beauty and Meaning of Our Live*）用最完美的方式提出最關鍵的問題。韋恩身兼牧師和治療師，他提出探索人生核心意義的四大疑問：

- 我是誰？
- 我喜愛什麼？
- 人難免一死，我該如何過我的人生？
- 我能為家人帶來什麼禮物？

這四個問題都屬於心靈修行層面，留待本書最後一部分再探索。有的心靈修行既複雜又難解，但是並非所有修行都是如此。我們喜歡韋恩的說法：「心靈修行大概就是：該放的放，該留的留。知道什麼該放，那是智慧。知道什麼該放，而且時候一到就堅強地放下，那是勇氣。智慧與勇氣結合，日復一日、修行復修行，生活就會慢慢回歸純樸。」

你的問題是什麼？你將寶貴的注意力拿來讀這本書，目的是什麼？你正要踏上的旅程，和我們正要踏上的旅程朝向何方？讓我們拾起智慧與勇氣，繼續踏出下一步……

重點 Key point 觀念

- 健康大腦是首要條件，但只有健康的大腦不足以抵抗老化。我們必須學會控制專注力，換句話說，我們要培養正念。
- 控制專注力是理解複雜世界的重要關鍵，也是一種可學習、練習、精通的技藝。專心不只提升效率，還能讓我們更快樂。
- 正念練習還有另一種技巧稱為「情緒覺察」，是通往歡樂人生的途徑。
- 只要透過心靈練習培養更高的存在狀態，我們就能創造更強的自我意識，體現更多自我。

PART

2

吃、動、睡，鍛鍊年輕腦

為年輕大腦打好穩固基礎

「每個問題有都兩副握把，你可以握住恐懼的一端，也可以握住希望的一端。」

——瑪格麗特．米契爾（Margaret Mitchell），美國作家

無論你之前聽過什麼說法，年紀增長絕對不等於大腦縮水或惡化。新的神經科學研究發現，神經可塑性（在大腦內製造並強化神經路徑的能力）可以持續一輩子。強化大腦回復力有很多方法。我們選擇的生活方式，例如飲食、思考和相處的人，都會影響大腦現在與未來的狀態。

我們也可以看看基因科學的說法：基因表現（基因中的ＤＮＡ序列生產出蛋白質的過程）跟實際基因幾乎一樣重要。基因密碼ＤＮＡ是我們一輩子帶在身上的東西，但這些基因的特性有沒有顯示出來，是由我們的生活方式決定。換句話說，只要做對選擇，就能扭轉基因的命運。

談到年輕大腦，首先要知道大腦並非「遇缺不補」，腦細胞並非一去不復返。近期研究發現即使是五、六十歲的大腦還是可以生成神經（從神經幹細胞長出新的腦細胞），甚至八、九十歲的大腦也做得到！而且，新細胞都長在掌管記憶的海馬迴，擔心記憶力減退的人可以鬆一口氣了。

特定的生活方式能提升大腦回復力，我們的目標就是把這些方式發揮到極限。接下來三個章節，我們會一步步引導你打造更優質、更健康、更年輕的大腦。

CH. 4 關鍵 1：勤快活動

一天走路三次就能使大腦變大，記憶力增強

「把身體顧好，它是你唯一的安身立命之處。」——吉姆・羅恩（Jim Rohn），美國經理人、哲學大師

要活腦，就要動

活動簡直可以說是大腦的「百靈仙丹」，不只能防止大腦細胞氧化、減少全身發炎反應、將血糖降回正常值、有效治療憂鬱症、提升學習能力，還能增進大腦新細胞的存活能力。活動甚至能控制壓力荷爾蒙皮質醇的濃度，並促進生長因子，使大腦長得更大、更健康、連結更密集。活動真的是百靈仙丹！

第四章想用一種別於以往的方式討論運動和活動，介紹全新知識，讓你願意為你的人生製造多一點活動的神奇效果。

幾前年，艾蒙斯醫生對一群長青大學的

學生演講。長青大學顧名思義就是給長輩上課的學校，所有學生都已經從職場退休，而且大部分都超過七十五歲。這些學生都很願意動腦，而且對當天的演講題目「活力與憂鬱」非常有興趣。那天艾蒙斯醫生和學生一來一往，熱烈討論近來人類的活力為何越趨下降，最後發現可能的原因是「現代生活比以前艱難」。

沒錯，他真的跟一群比他年長的人說：「你們以前過的生活比我們輕鬆多了！」你可以想見聽眾的反應。儘管艾蒙斯醫生的頭髮業已半白，底下聽眾發表意見的時候仍以「老弟……」或「年輕人……」開頭，而且這些談話的內容多半令人印象深刻。

當時長青學生都住在明尼蘇達州的雙子城，不過他們大部分都是在農場長大。想起小時候，常常一天工作六到十小時，做的都是耗體力的勞動。學生說二十世紀前半在農場度過的人生一點也不輕鬆，他們說的沒錯。

這個故事告訴我們一些事。首先，千萬別說長輩日子過得不辛苦，也別以為我們過得比前人還艱辛。我們是比不贏的。第二，人要活就要動，自從前幾個世代開始，人類的主要活動才變成靜態。

就在七十到一百年前，美國人大多都還依賴勞動維生，其中以農業相關為最大宗。

這樣的生活頗辛苦，但他們因此長時間待在戶外，吸收大量陽光和新鮮空氣，更適應季節變遷，而且一天有七小時都在活動。也許他們沒有輕巧的慢跑鞋，也沒有練舉重的健身房，但他們就像原始上古人類一樣，整天都在活動。

我們來比較現代和以前的差異。以下是美國疾病管制與預防中心建議的成人每週最低活動量：

- 每週兩個半小時適度激烈的有氧運動。
- 或每週七十五分鐘高度激烈的有氧運動。
- 加上每週至少兩天肌力訓練。

請注意，這是每週最低活動量——也就是每週兩個半小時，跟前人每天六至十小時之間有多大的差異！儘管落差已經這麼大，根據政府近期調查，每五位成人只有一位達到最低標準。並不是說每天應該出外活動六小時，而是身體運動的標準該調整了。人類越進化，活動能力也跟著越好，所以我們應該把活動的定義擴大，不要只限於「運動」，然後想辦法把「活動」融入日常生活。

我們祖先根本沒在思考活動這件事，他們就算不想動也不行，但是我們可以，而且很多人都沒在動，這對大腦傷害很大。舉個例子，最近有實驗在研究活動對老鼠大腦的影響，實驗老鼠分成兩組，一組籠子有裝滾輪，一組沒裝。順道一提，老鼠跟人類有件事很不一樣：如果你給老鼠一台跑步機，老鼠真的會去跑！而且每天跑將近五公里。

三個月過後，研究人員在老鼠大腦一塊小小的重要區域注入特殊染劑，看看那塊控制自律神經系統的區域有何變化。自律神經系統掌管許多我們沒注意的事，例如呼吸、心跳和血壓，還有參與一大部分「戰或逃」的壓力反應。如果自律神經系統一直保持亢奮，壓力反應持續作用，大腦和心臟都會吃不消。

研究發現運動老鼠和靜態老鼠有一項關鍵差異。前者自律神經系統的形狀和功能一切正常，壓力系統並未開啟。但是靜態老鼠的神經系統竟然退化，而且對壓力更敏感，導致高血壓和心臟疾病。

人類竟然要注重運動，而且要想辦法將之刻意加進日常生活行程中，這真是史上頭一遭。活動可以讓身體保持動態，幾乎每天都是好心情，更不用說活動對大腦多麼有益！

動起來，讓心情變好，大腦不縮水——

活動能讓大腦長大

越來越多證據顯示身體活動可以保護大腦。現在大腦掃描更證明，身體有在活動的大腦會長大！

愛丁堡大學的研究人員追蹤六百名對象，從他們七十歲開始追蹤三年，詳細記錄每日活動，並於三年後做大腦掃描。研究人員發現所有人的大腦確實有點縮水，不過生活常處於靜態的人減少大腦體積最多，而常常勞動的人縮水幅度最小。實驗證明，保持活動狀態可以保住大腦不縮水。

另一項實驗指出，走路可以擴增大腦的記憶中心。科學家掃描一百二十位老年人的大腦，持續時間超過一年。研究一開始，所有人都沒有定期運動的習慣。接著一半的實驗對象開始參加運動課程，一天走四十五分鐘的路，一週三次；另一半則維持不運動的習慣。一年過後，走路組的海馬迴體積增加百分之二，靜態組的大腦組織反而縮小百分之一點五。走路組的記憶力也比靜態組好。一天走路三次就能使大腦變大，記憶力增強，誰不想要呢？

活動能讓你更快樂

我們看過很多憂鬱症、焦慮和有其他情緒問題的患者，沒有比運動更快更有效的生理療法了，就算是重度憂鬱症也適用。

近期一項研究探討一週五天、每天走半小時到四十五分鐘的效果，而且不是健走，只是輕鬆走路的程度。事實上，受試者只要達到規定的一半時間就算數了。

研究想知道走路對「難治型憂鬱症」是否有幫助。這種憂鬱症是指連續九個月服用兩種以上抗憂鬱劑，病情卻不見改善的憂鬱症。結果，不論是使用哪一種療法的病人，走路組的憂鬱症患者皆獲得改善，而且效果顯著。反觀沒運動的控制組，則沒有一人病情好轉！

另一項研究發現，只要適度從事一種運動，重度憂鬱症患者的心情都會好轉。受試者在跑步機上走路半小時就能感覺自己變健康，而且只做一次就有效果！

很少事情像運動一樣，可以光靠自己就把心情變好。也許是因為腦內產生化學變化，如腦內啡、血清素和多巴胺增加；又或者做對自己有益的事就是讓人開心。總之，試試看，親身體驗運動讓心情變好的力量。

運動能讓記憶保鮮

老年失智症和其他記憶力病症的嚴重程度越來越猖獗，研究認為未來情況還會再增加。美國有五百萬人罹患老年失智症，全球則高達四千萬人。年紀越大，罹患風險也越高：六十五歲以上，每九人就有一名患者，到了八十五歲以上，比例幾乎飆升到三分之一。考量到患者人數激增，還有老年失智對個人和社會帶來的嚴重後果，我們不得不想辦法加以預防。藥廠已經著手研發預防與治療的藥物，而我們也該重視生活方式對大腦的影響。

加州大學洛杉磯分校的研究員曾進行蓋洛普民意調查，調查一萬八千五百位成人的健康行為，如抽煙、飲食和運動，看看是否和長期記憶問題有關。令人驚訝的是，很多年輕人（十八到三十九歲）都很擔心他們的記憶力退化。研究結論認為，這些退化並非大腦疾病所致，而是壓力和一心多用的後果。研究還發現老年人（六十到九十九歲）的生活習慣最健康，而且效果也實際反映在生活中。生活過得越健康，譬如經常運動的人，越不擔心記憶力退化。健康生活的效果非常驚人，不健康人士記憶力出問題的機會則比健康人士多上一百一十一倍。

「巴爾的摩老化長期研究」調查一千四百名十九到九十四歲的男女體適能，研究方法是一種複雜的心血管健康測量方式，稱為「最大攝氧量」，也就是一分鐘激烈運動下，肺部消耗的氧氣量。攝氧量越大，健康程度越高。全部一千四百位民眾都接受這項測試，並連續追蹤七年，記錄他們的記憶力和集中力測試分數。果不其然，體適能越好的人，思考和記憶力預測表現越佳。

老年失智症跟一種「載脂蛋白（ApoE）ε4基因」有關，這些基因跟澱粉樣蛋白的形成量有關，澱粉樣蛋白會破壞老年失智患者的大腦皮質。研究追蹤兩百零一位四十五至八十八歲的民眾，他們的認知功能皆正常，不過有些人帶有載脂蛋白ε4基因，而運動可以將有害蛋白質擋在大腦敏感區域之外。運動還能改善某些老年失智症的生物指標。

以上研究都沒能證明運動可以預防老年失智或記憶喪失，不過研究也提出更多證據支持活動對大腦有益的論點。事實上，與所有生活方式相比，運動預防大腦老化、出現記憶退化的效果似乎最明顯。我們繼續看下去！

適度的壓力，能增加大腦的耐力

活動可以保持大腦年輕，主要有兩大原因：一、能降低壓力反應，提升腦內神經元的存活能力；二、提供養分給大腦，促進新的神經元生成。

「壓力」近來被視為人類痛苦的元兇，壓力造成的傷害的確也不小。不過別忘了壓力本身並不是壞事。慢性壓力有害身心，甚至會提高老化造成的大腦疾病風險，下一章會再詳談。而適度的短期壓力其實對身心有幫助。事實上，我們需要不時給壓力刺激一下，而有力的活動就能創造健康形式的壓力，對我們有利。

如果你長期壓力大，活動可以降低壓力荷爾蒙造成的傷害。畢竟戰或逃反應的目的是準備迎接活動，而且是劇烈的活動，就像不跑就死定了一樣。壓力大的時候從事激烈活動，就能滿足生物必然性，消耗庫存能量，燃燒掉腎上腺素和皮質醇的生理反應。這正是身體希望我們做的事。

就算你平時不覺得有壓力，大腦還是會把運動當成適度壓力的活動，我說的是「優質壓力」。當你選擇運動，你可以獲得壓力反應的好處，又不必受壓力反應的潛在傷害。其中的一種好處是大腦能製造更多化學物質，促進腦細胞生長，包括一種具保護功能的「大腦衍生神經滋養因子」（簡稱BDNF）蛋白質。

BDNF就像大腦的養分。假設你是園丁，在花園種了一株特別珍貴的新品種植物，你一定會想到加肥料，讓植物根部長得更快、更深、更密，珍貴的新品種才能向下紮根，開出茂密繁盛的大樹。同樣的道理，當你在大腦「種下」一個神經元，BDNF就像肥料，能引導新神經元的生長方向、除掉老舊不必要的神經分支，並創造更茂密的神經元網路。BDNF甚至可以幫助神經細胞互相連結，確保細胞好好生長，在重要的神經迴路發揮最大的功效。

許多大腦疾病如憂鬱症與焦慮、老年失智和帕金氏症都和BDNF不足有關。BDNF能保護大腦不受皮質醇傷害，所以當BDNF過低，神經元就容易被壓力攻擊消滅。除此之外，大腦製造新細胞的能力也會下降，這大概就是壓力使海馬迴縮水的緣故。我們必須盡可能避免海馬迴縮水，才能在老年維持年輕時候的記憶力。

根據之前提到的老鼠滾輪研究結果，要增加BDNF，提高新腦細胞產量，最有效的方式就是活動。跑滾輪的老鼠會比不運動的老鼠多出一倍的新神經元，神經分枝更多，連結其他神經元的能力也更強。運動對BDNF的好處在幾天之內就會顯現出來，而且能持續數週。還有，年長老鼠和年輕老鼠的運動效果一樣好。

偶爾感受壓力並不是壞事，尤其是你自願從事激烈運動時所感受到的壓力。如果你不愛運動，或者不能激烈運動，也別氣餒。下面會再告訴你，即使是輕度活動也可以預防壓力、焦慮、憂鬱和其他老化衰退問題。活動讓大腦更年輕，所以無論動得快或慢，激烈或輕鬆，只要持續活動，大腦就會收到成效。

五十歲才開始運動也不遲

一般來說，保持活動習慣，身心較不易退化。但如果你從來沒有運動習慣呢？現在到了中老年，你可能會說：「太遲了。我年輕時候都沒在運動，現在沒有轉圜的餘地了。」如果這一生從沒認真動過，現在運動還有效嗎？

答案似乎是有效。二〇〇九年《英國醫學期刊》研究發現，五十歲才開始運動的人，延長壽命的效果跟長期運動的人一樣。當然，我們不是鼓勵大家等到五十歲（或更晚）再開始運動，而是告訴各位，運動真的不嫌晚。還沒養成習慣的人，請現在就開始動起來。

你可能會想：「等我退休再來運動」，那你就錯了。表面上看來，退休之後不必每週工作四十小時以上，空閒時間變多，好像更有餘力運動，但最近英國研究認為這種想法有待商榷。研究人員持續數年追蹤三千三百三十四位對象，調查他們運動、看電視等習慣。研究對象是四十五到七十九歲的上班族，其中四分之一的人在研究途中退休。結果研究發現，上班族退休之後，活動量反而大幅下降。

定期運動的人，請繼續保持。尚未養成習慣的人，不管幾年沒運動、年紀多大，請現在就開始。只要慢慢來，注意安全，運動絕對有好處沒壞處！原因如下。

三種活動，讓大腦慢老

請記住：我們不只鼓勵運動，而是倡導活動。身體活動好比音樂作曲的三大部分。首先，三種活動和交響樂章一樣，是獨立存在的篇章，就算分開各自演奏，也非常珍貴動聽。合在一起演奏的時候更是相互輝映，展現整首樂曲的美麗與力道。

同樣道理，你可以三種活動擇一，任一種對大腦都有好處。如果你真的想培養百分百年輕的大腦，那就三種都做。你不需要做到最完美，當然除了我們列出的建議之外，你也可以選擇自己更有興趣的活動。只要有動，而且盡量多動、持續動，你就能打造更優質的大腦。未來的你會感謝現在的自己。

第一種活動：行板

行板原本的意思是「走路的速度」，現在拿來表示活動最開始、最基本的層面，簡單說就是：動就對了。這個階段我們想鼓勵你刻意動起來，將一項有目的、經常做、一直重複的活動融入到日常生活。以下探討兩種簡單又容易達成的活動：站立和走路。

無論年紀或目前運動量大小，每個人都可以從站立、走路和以下建議的活動中受益。如果之前真的沒在運動，請記得慢慢做，並注意安全。

此外，要記得諮詢醫師如何規劃活動的開端和強弱，尤其是以下的對象：

- 已知心臟疾病。
- 胸悶或胸痛（無論激烈運動與否）。
- 暈眩造成身體失衡。
- 失去意識。
- 關節毛病。
- 服用高血壓或心臟疾病藥物。
- 其他禁止從事身體活動的理由。

資料來源：英屬哥倫比亞衛生部的「身體狀況調查表」（PAR-Q）

越坐越短命

這麼說應該不為過：現在很少人像我們的老祖先一天活動好幾個小時。根據政府提供的數據，每五人只有一人達到每週活動兩個半小時的建議量。那其他時間我們在做什麼？答案是坐著。

瓊恩・維妮寇思博士（Joan Vernikos）是「美國太空總署生活科學部門」前任部長，她的其中一項職責是維持太空人身心健康。她根據自己的工作經驗寫成著作《久坐致命，活動治病》（*Sitting Kills, Moving Heals*），指出即使是體適能良好、定期運動的人，久坐仍是非常不健康的習慣。

幾年前，有人發現（身材體能不錯的）太空人若長期待在太空，身體會提早老化。他們就像長期臥床的病人，肌肉會大量流失。問題似乎是缺乏對抗地心引力的活動。

我們必須經常跟地心引力互動，鍛鍊大塊肌肉，保持健康功能的活動量、肌力和柔軟度。最簡單的作法就是從坐姿站起來。沒有其他秘訣，只要站起來！不必一直站著，只要常常站起來就好。

而且，站的關鍵不在次數，而是頻率。維妮寇思博士說每幾分鐘就站起來走動，比連續站起來很多次還有用。連續深蹲三十次看似效果更強，因為感覺像在運動，但其實一天之內分別站起來三十次對身體更好。由此看來，高頻率活動跟集中爆發力的運動相比，前者更優。

久坐後，逼自己起來走一走

* 如果工作時間必須久坐，試著經常換位置。改坐瑜伽球、沒有扶手的直背椅，或沒有椅背的凳子，或許也會有幫助。
* 一小時內站起來數次（每隔十五至二十分鐘）。可以設定計時器提醒自己。
* 坐下之前可以先慢慢做幾次深蹲。或站起來從架上拿書或杯子，又或者把地上東西撿起來。
* 布置一下辦公室，逼自己起身接電話、列印或拿檔案夾。回家把電視遙控器擺遠一點，逼自己站起來轉台（或乾脆不要看電視）。

沒有比走路更好的活動

增加更多日常活動的最佳方式就是走路。健走很好，但你不一定要做到健走的程度，任何走路形式都行，像是走到飲水機裝水、跑腿做雜事、到公園散步都好。走路不花錢、不需專業技能或訓練、安全，而且幾乎隨時隨地都能走。

走路可強化所有主要肌肉群，加強骨骼密度，還有像之前所說，能使大腦增大、心情變好、常保記憶力。不愛去健身房的話，走路就是最適合的活動。

如果設立目標或數字可以鼓勵你走路，那就買個計步器吧。一開始一天先走兩千步，接著慢慢增加到一天一萬步。你不必一次走完，這是一整天的份量。

找人跟你一起走路。成功的最重要因素是有人支持你，而且你也喜歡這件事。邊走路邊和好友聊天，習慣會更容易養成。

走路的方式

＊挺直身子走路，不要往前傾。收緊臀部，腰桿才會挺直。抬頭挺胸，頭部、下巴抬高。眼睛不要盯著雙腳，往前直視前方六公尺處。

＊肩膀與脖子放鬆，雙肩由前往上，繞到後面，再自然放下，接著肩胛骨輕輕向後夾緊。

＊手肘彎曲，雙臂貼近身體輕鬆擺動。你會自然形成一種節奏，進而帶動另一對手腳。

＊步伐不要太大，先抬起腳跟，腳尖再離地，用臀部肌肉的力量往前踩出步伐。

製造每天走路的機會

＊跟同事走到走廊談話，取代講電話或寫mail。

＊以爬樓梯代替搭電梯。

＊把車停到比較遠的地方。

＊吃飽飯後散步十分鐘。

非運動是一種新活動

最近聽說有個青少年的治療師堅持要他的這位年輕患者運動，當作憂鬱症的一部分療程。那位年輕人恨透了運動，所以他想出了一個創意新方法：「我就戴上耳機，音樂放很大聲，然後瘋狂跳舞。」結果真的有效！

梅奧醫院（Mayo Clinic）的研究人員取了一個很酷的詞：「非運動活動生熱作用」（Non-Exercise Activity Thermogenesis，簡稱NEAT），泛指所有非健身目的的活動。生熱作用跟新陳代謝有關，研究證實任何一種活動都會消耗熱量，連踏步、點點腳指頭或嚼口香糖都行。

再來談談健康的「非運動」活動，附註「新陳代謝平衡」（Metabolic Equivalent，簡稱MET）供參考。記住，MET是測量多種活動消耗的能量值。坐著看電視屬於第一級MET，其他活動按此標準類推。

■ 散步（2－3 METs）
■ 下廚（2－3 METs）
■ 打掃（3－4 METs）
■ 釣魚（3－4 METs）
■ 休閒單車（3－6 METs）
■ 除草／整理庭園（4－6 METs）
■ 園藝（4－6 METs）
■ 跳舞（5－7 METs）
■ 登山（6－8 METs）

■ 性事（1.3—2.8 METs）

來源：《身體活動手冊》（Compendium of Physical Activities）

你抓到要領了吧。只要不坐著看電視，任何一種活動都會燃燒卡路里，提升新陳代謝，改善大腦機能。做任何你想做的活動，動就對了。

第二種活動：慢板

慢板字面上的意思是「放輕鬆」，演奏速度優雅緩慢。在此，我們稱之為「心智活動」，意思是緩慢、流暢、優雅地刻意運用意識。就算你認為自己不是走優雅氣質路線也無妨，「臨在」的境界才是重點。

從事任何活動，都可以更有意識、更有覺知地去做。剛剛提到的活動，或是待會將介紹的激烈活動，都能跟意識結合在一起。除此之外，意識本身就可以是一種活動，而且效果經過數百年的驗證。以下我們專門介紹的是瑜伽和太極。

瑜伽：優雅、力道與平衡

瑜伽好處極多，多到我們認為走路再加上瑜伽就是一套完整的活動。瑜伽屬於寧靜祥和的活動，有時也可以提升強度。瑜伽包括溫和伸展和肌力訓練，對維持姿勢的核心肌群特別有益，尤其可以改善背痛。只要稍作調整，任何年齡層都能從事瑜伽。

索瑪創投（SomaVentures）的創辦人珍．菲瑟（Jean Fraser）從舞者轉職當瑜伽老師，她為我們的「回復力療程」加入瑜伽元素，結果發現瑜伽對平衡「三腦狀態」特別有效。三腦是指三種常見的不快樂心靈狀態：焦慮腦、激怒腦和沒勁腦。

瑜伽和呼吸練習能幫助培養特定的情緒和心智品質。焦慮的時候，可讓心情回復穩定冷靜的狀態；生氣的時候，活動和呼吸可以排解怒氣；身體沒勁，連做件小事都覺得累的時候，做瑜伽可以喚醒活力和警覺心。以上的練習都是藉由身體幫助改善心智，只要選擇其中一種活動，融入每天站起來的運動，或是連著一起做，都能改善心智狀態。

太極：呼吸、活動和意識

太極（或者冥想的好搭檔：氣功）是另一種心靈活動的好選擇。太極緩慢、溫和而流暢，不用過多刺激就能提升庫存能量，再加上結合平衡感和記憶力，很適合步入中老年的人。學習新動作和順序就像學新舞步，可以刺激新神經路徑生成（也就是神經可塑性）。除此之外，太極的動作和呼吸非常紓緩，可以降低壓力反應，保護大腦。

太極的詳細內容已經超出本章範圍，建議大家找個好老師或影片跟著做。長春健身（Evergreen Fitness）的瑪麗．歐浮佛絲（Marie Overfors）與我們共事，她自製一部教學影片，內容簡單好上手，老少咸宜。她的太極充滿流水般的溫和動作，特別能保持身（心）靈活、強壯又有彈性。可上網查詢，了解更多相關資訊。

第三種活動：快板

快板輕快、簡潔又明亮，屬於動態活動，通常稱為「運動」。運動強度可以調到很高，只要記得遵守注意事項，注重安全即可（請上網查詢「運動安全問卷」〔PAR-Q〕的相關資訊）。如果不確定自己準備好了沒，或是已經一陣子沒運動，請先諮詢醫生的建議。

大多人喜歡有氧運動，不過我們要介紹兩種對大腦比較有益的運動：間歇訓練和漸進阻力訓練。

間歇訓練能運用爆發力發揮活動最大功效

首先回顧一下「戰或逃」反應和活動造成的良性壓力。這裡說的活動是指生命受到威脅，身體產生短暫爆發力的活動，之後需要一段時間恢復體力。這是人類與生俱來的能力。小孩子一天到晚都在使用爆發力，因為這個時期的爆發力是跟嬉戲打鬧結合在一起。但是成年之後，我們就會盡量避免使用，一部分的原因是因為爆發活動很累，身體不舒服。既然不需要爆發力，我們何必把自己累壞？

高強度間歇訓練可說是效率、成效最高，對大腦最有利的活動。以下是間歇訓練的幾個優點：

- 幫助減重，尤其是難甩的腰部贅肉。
- 提高二十四至四十八小時的代謝率，運動後身體持續燃燒熱量。
- 改善荷爾蒙濃度，包括皮質醇、睪丸酮和人類生長激素。

- 預防成人糖尿病。
- 提升體力、專注力和表現。
- 延緩老化。

大部分人以為想變健康苗條，就要做低強度的有氧運動，實際上剛才提的幾個效果，間歇運動都比有氧來得強。新的研究更指出，低耐度運動可能會提高皮質醇濃度，促進脂肪堆積。不過別因為這樣就放棄長期緩慢運動的習慣，這些運動還是各有各的好處。只是你可以考慮在每週運動行程加入短時間的高強度爆發力活動。

超實用的運動守則

＊開始之前記得先諮詢醫生意見，尤其是已經有一段時間沒運動的人。

＊任選一種你喜歡的短時間（二十至三十秒）高強度衝刺活動。走路、跑步、單車、划船、跑步機，或橢圓機、游泳、健身操、跳舞都行。發揮你的創意。

＊慢慢起步，慢慢強化體適能之後再增加強度。一開始從事「爆發力」運動的時候，

強度和速度只要比平常高一點即可。

＊一週一至二次，每週兩次十到十五分鐘就有足夠效果。

○前兩、三分鐘先熱身，用你覺得舒適的節奏做運動。

○接著持續二十至三十秒加快速度、加重力道。如果你才剛開始訓練，強度只要拉高一點就好。之後越來越進步再推到極限，仍舊維持二十至三十秒即可，不需再延長。

○放慢速度，回到熱身的強度，讓體力恢復，大約持續一到兩分鐘。

○繼續重複二十至三十秒的爆發力運動，再緩和一至二分鐘。一開始先做三到四個循環，之後再加到六至八個爆發／恢復循環。

○整個運動只需十到十五分鐘，但是效果可以持續數天。每週做一到兩次，就能提升新陳代謝、活化思緒、延緩老化。

漸進阻力訓練可保持強健的身體

想打造強健骨骼、保護關節、改善睡眠品質、調好身體、常保心情愉快、預防腦細胞死亡，並且促進新細胞生長嗎？只要每週做一至兩次漸進阻力訓練就對了。

漸進阻力的原理是逐漸調高阻力，身體就會練得更強壯。運動有很多增加阻力的方法，例如瑜伽、阻力帶、重訓器材、自由重量或自身重量。如果園藝工作需要搬重物、掘土或用力拖拉，那也可以算作一種阻力。

我們的同事戴夫・韋伯（Dave Wieber）是天份極佳的物理治療師，他非常了解從青年步入中老年的強健活力保養之道。他曾幫助上千名受傷患者重拾運動，甚至讓艾蒙斯醫生維持運動習慣長達二十年！戴夫身兼物理治療師和教練，他知道功能性活動和核心強度的價值，高過我們年輕時夢想的健美身材。

戴夫設計了一套全身阻力運動，訓練所有主要肌群。這套漸進式運動有三種難度，而且幾乎沒有受傷的風險。事實上，戴夫設計這套運動的宗旨就是為了避免老了之後容易受傷。如果你想要一套在家就能做的運動，我們推薦戴夫的教學影片「四十歲過後的健身」（Fit After 40），請上網查詢相關訊息。

■ 運動前請參閱「運動安全問卷」。

■ 如果你沒做過阻力訓練，建議先洽詢教練。請他們挑選最適合你的運動，避免受傷。

■ 從低阻力開始慢慢加強。

■ 鍛鍊所有主要肌群，包括：腿部、臀部、背部、胸部、腹部、肩膀和手臂。

■ 在沒有輔助的情況下，一次最多只能做八至十二下動作，就是你的理想阻力。一種運動做一組即可。

■ 如果你想提高強度，或是更快提升肌力，只要放慢動作就能達到目的。一邊數到十，一邊慢慢舉高重量，放下的時候再數一次。一次只能舉三到六次，就是你的理想重量。

■ 如果你做的是跟「四十歲過後的健身」一樣，是利用全身重量的全身阻力訓練，那麼一週最多做三次。

■ 如果使用自由重量或重訓器材做八至十二次動作，那一週兩次便已足夠。

■ 選擇最大重量（三至六次）慢動作的人，一週一次即可。

打造終身活動計畫

現在，讓我們整合三種活動，打造屬於你的終身活動計畫。

不過首先，我們有些建議：活動應該是很好玩的事，是你想做的事。選擇多種喜歡的活動，保持新鮮感，你才會願意一直動下去。輕鬆、好玩，盡量找人一起動。最重要的是，動就對了。

萬無一失的「理想」活動計畫

下列是一項動動身體的完美計畫，不多也不少，能將身體需要的所有活動形式（和休息）全數融合進日常生活。

每天：

- 每十五至二十分鐘就站起身。千萬不要久坐不動。
- 安排多種非運動活動，一天做一種。

- 一週挑幾天步行三十至四十五分鐘，單車、溜冰、划船等也行，步調從輕鬆到適中皆可。

每週兩次：

- 做十到十五分鐘的高強度間歇訓練
- 每隔一天做一種中度負重／阻力訓練（如瑜伽、園藝、全身阻力健身或輕量舉重）。
- 做瑜伽或氣功等身心活動。去上課或在家看影片跟著做都可以。

每週一次：

- 用最大重量慢慢做三至六次阻力循環（重量訓練）。
- 休息一天。

量力而為的「現實」活動計畫

沒辦法達到理想計畫？沒關係，以下計畫也能讓你擁有更年輕有活力的大腦：

- 盡量常常站起身。記得不要久坐不動。
- 一週走路天數（或其他輕量有氧活動）要過半，中途可以有幾次加速，大約持續一分鐘左右，再放慢速度。
- 一週至少進行一次負重活動。
- 每週盡量多花二十分鐘集中精神。一早花二十分鐘就能達到大部分活動的效果，而且可以持續一整天。

超簡單的覺知行走法

這裡有個簡單的方法幾乎能一次包含上述所有推薦的活動，那就是——吐納鼻息的覺知行走。

- 特地撥出二十分鐘，或直接排進日常活動中。
- 不要想成是「運動」，也不要設定目的地，只要單純開心走路。
- 可以的話，盡量到戶外行走，最好是大自然的環境。
- 盡量注意你的感受，包括：身體的動作、呼吸和所有感官。

- 嘗試各種步速，注意悠閒漫步和健走這兩者間有什麼不同感受。
- 盡量從鼻子深呼吸。一邊深呼吸一邊調整步速，看看能不能在快走的時候，繼續維持緩慢深長的鼻息。
- 記住，你沒有目的地，也沒有要完成的目標，只要全心做自己，單純享受活動本身即可。

重點 Key point 觀念

- 要活就要動，二十一世紀所有慢性健康問題都要歸咎於缺乏活動。
- 活動不只身體要動，大腦也要動。運動可以增加大腦體積，把大腦練得更快更強壯。
- 活動可以保護大腦不受壓力傷害，一定強度的活動會製造「優質壓力」，賦予我們更多活力。
- 活動永遠不嫌晚，但也別拖太晚，現在就開始！

CH. 5

關鍵2：充分休息

你的睡眠，是大腦的大掃除時間

「年輕人，別浪費你的勇氣跑得那樣急，飛得那樣遠。看看萬物歇息的模樣——黑暗與晨光，花開與書卷。」——賴內・馬利亞・里爾克（Rainer Maria Rilke），捷克詩人

生活充滿各種必須面對的壓力，因此馴服體內的壓力怪獸就成為很重要的課題，本書就是要找出各種幫你舒緩壓力的辦法。

上一章說明活動可以排解壓力反應，下一章將教你飲食的厲害之處。後面章節還會更進一步介紹身心連結，教你利用自身的心智力量保持健康狀態。

本章焦點鎖定在「休息」這件事，特別是睡眠。睡眠是一種簡單但常被忽略的活力來源，甚至可能是大腦健康的中心砥柱。令人遺憾的是，大多數人休息不足，無法維持讓大腦常保年輕。

大家都欠睡眠債

美國全體國民都欠了睡眠債。根據美國疾病管制與預防中心的資料，民眾普遍睡眠不足，而且大多都是自己造成的。睡眠專家同意幾乎所有成人每晚需睡七至八小時，但是三分之一有工作的成年人睡得更少，成人平均睡將近六小時。而在兩、三個世代以前，大家都能享受每晚平均九小時的睡眠。由於現代人睡眠不足，將近五成的人都曾不小心在白天打瞌睡，其中開車開到睡著的人還不少！

有些人是故意晚睡或睡眠習慣不佳，另外很多人則是想睡卻睡不好。每年有百分之八十五的人飽受失眠之苦，百分之十至十五的美國成人則患有慢性失眠（一個月以上睡不好覺）。女性比男性更常發生睡眠障礙，而且年紀越大越常發作。失眠的經濟成本高得嚇人，最近有項估算報告指出，光是美國每年因此造成的直接損失就高達一百四十億美金，而間接成本甚至更高。

睡得好比睡得久重要——

很多人認為年紀越大，所需的睡眠時間就越短。根據美國「全國睡眠基金會」的說法，睡眠模式確實會隨年紀改變，而且年紀越大，睡眠品質越糟。但這不代表我們不需要那麼長的睡眠時間，而是優質睡眠時數變少了。

入睡期間，大腦必須經歷幾次淺眠與深眠循環，還有快速眼動睡眠期的作夢，才算有效果的睡眠。中老年之後，很多人淺眠時間拉長，更容易醒來，深眠和作夢時間縮短。這些改變大幅影響健康，而且成因有很多種，包括：

- 罹患身心疾病和服用治療藥物。
- 晝夜節律（體內二十四小時生理時鐘）改變。
- 更年期婦女荷爾蒙變化。
- 男性攝護腺問題。
- 消化不良或胃灼熱等腸胃毛病。
- 增加腸道或荷爾蒙問題的高比例腹部脂肪。

- 大腦製造的褪黑激素變少。
- 皮質醇升高。

睡眠模式確實會改變，睡眠問題卻不一定會伴隨老化發生。睡眠科學進展快速，我們對睡眠的認識已經足夠改善睡眠品質。以下分享我們認為最有價值的睡眠知識和最有效的睡眠策略，讓你睡得更好、感覺更年輕，不管之前睡眠品質多糟都有救。

睡好最補腦

上半個世紀，研究睡眠的學者企圖了解人類為什麼需要睡眠。睡眠到底有多重要？為什麼將近三分之一的人生都得拿來睡覺，而不拿去做更有生產力的事？睡覺會讓生物暴露在最脆弱、最容易受攻擊的狀態，為什麼所有生物的演化過程還是保留睡覺的行為？

不久之前，學者認為睡眠一定還有一個統合益處，只是還沒人發現。現在我們了解，睡眠好處不只一個，而是具有很多有益身心重要功能。以下介紹三種最關鍵的功能：情緒、記憶力和治癒力。

睡眠可改善情緒

「那時候我很認真做案子，連續好幾天都熬夜，熬夜的隔天整個人很亢奮，感覺超棒！但是最後我撐不住了，心情低到谷底，狀況差到送醫。」

卡菈有情緒失序問題，那時候剛開始接受治療。結果她為了工作熬夜，不小心觸發嚴重的情緒擺盪，剛開始很亢奮，後來變得非常沮喪。睡眠的一大好處，就是能保持心情輕快穩定，這是大多數人都沒發現的強大睡眠力量。

科學很早就知道睡眠問題跟憂鬱有關。不久之前，專家還認為失眠是憂鬱症的症狀，憂鬱症若好轉，失眠自然會消失。但是最近研究顯示，失眠也可能是憂鬱症的病因。就像卡菈的案例，睡眠品質不佳是憂鬱症的一大常見病因。事實上，慢性失眠（一個月左右睡不好覺）會讓憂鬱症得病機率變成兩倍。

反過來說，最近研究發現改善失眠也能讓憂鬱症的治癒機率變成兩倍。研究人員不是用助眠或抗憂鬱藥物治療失眠，而是採用失眠的認知行為治療（cognitive behavioral therapy for insomnia，簡稱CBT-I），利用短時間的談話治療，教導患者養成良好睡眠習慣，並學習安撫自己的心智。大部分接受該療程的患者都有顯著進步，改善失眠之後，有百分之八十七的人恢復正常情緒。剩下沒能治癒的患者，僅五成的人治好憂鬱症。

睡眠能提供很多改善情緒的方法，其中一個就是降低所謂的「情緒反應」。還記得大腦情緒中心的杏仁核嗎？當我們受到威脅或害怕，杏仁核就會觸動警鈴。大腦反應過大，就像小孩子鬧脾氣，不懂得安撫自己。這時只能希望他有個冷靜淡定的家長，知道該如何讓小孩鎮定下來。

成人大部分都有運作良好的前額葉皮質，就像一位淡定的家長，負責撫平激動的情緒。然而，前額葉皮質也和家長一樣，要睡飽才能扮演好安撫的角色。加州大學柏克萊分校的睡眠科學家馬修・沃克博士（Matthew Walker）曾說：「整夜好眠的人，大腦深層和前額葉皮質會重新整理或儲存之間的連結，額葉就能好好調節掌管情緒的杏仁核，拿出適當的社交能力，並且受心智控制。」

就算只有一個晚上睡不好，敏感程度也會升高，對每件事都變得很緊繃。相反地，一夜好眠可以把敏感程度調回正常，即使隔天遇到一樣的麻煩，你的反應也不會太大。

這種能力稱為情緒回復力或「壓力耐受性」，可以一邊承受生活壓力，一邊保持健康的情緒，對預防焦慮、憂鬱等心理狀況非常有幫助，甚至能預防失智和其他退化症狀。

情緒回復力和睡眠品質有極大關連。好比說，研究人員最近針對青少年探討另一種類似的特質稱為「心理韌性」，也就是其自信、承諾、挑戰和控制的表現。他們發現心理韌性強的青少年睡得比較深層且有效、很少醒來，淺眠時間和白天打盹次數也都比較少。這群年輕人回復力較強，青春期適應得不錯，能順利轉大人。學者認為心理韌性可以降低壓力等級，提高睡眠品質，不過當然也有可能轉果為因，意即是優質睡眠造就心理韌度。

良好睡眠可以降低事情引發的痛苦情緒。作夢的時候，正腎上腺素（一種壓力化學物質，等於大腦的腎上腺素）會大幅減少，就算你在快速眼動睡眠期做了壓力很大的夢，大腦也能保持低壓力狀態。研究人員認為這樣可以讓人在低壓力狀態處理痛苦回憶，簡直就像一邊睡覺一邊給自己做免費治療！

睡眠可讓頭腦更清醒

「我真的很擔心自己的記憶力問題。有時候沒什麼大礙，不過最近工作越來越常腦袋當機，我很怕哪一天就這樣犯下大錯，丟了飯碗。」

羅伯特坐五望六，已經到了擔心記憶的年齡。他很怕身體出現失智症的前兆，沒想到開始記錄專注力和記憶力狀況之後，才發現罪魁禍首是睡眠。如果一夜好眠，隔天的大腦就像年輕了二十歲。羅伯特的經驗告訴我們休息的第二種好處——讓大腦徹底放空，恢復專注、專心和記憶力。

柏克萊最近一項研究證實睡眠品質低下和記憶喪失的關聯。他們發現大腦進入熟睡期之後，腦波會將記憶從海馬迴搬到皮質，變成長期記憶。睡眠品質不好的話，腦波無法執行這項功能，記憶無法搬運，就只能卡在海馬迴。這個問題到中老年會越發嚴重，因為年紀越大，熟睡期越短，容易健忘，可能會記不住名字或數字，就像羅伯特擔心的狀況。

研究人員認為熟睡期有三種影響學習與記憶的方式。第一種在學習新事物之前先睡一頓好覺，大腦就會做好暖身，準備把新資訊從短期記憶有效轉到長期記憶。第二種，學習之後也睡一頓好覺，新的記憶就會被送進長期儲存區加以鞏固。第三種影響跟創造力有關：熟睡期間，大腦會把看似無關的事物連在一起，讓你認清之間的共同點和關係。這可能就是為什麼有時一覺醒來，腦海就會浮現新的觀點或答案，前一天不斷煩惱的問題也會迎刃而解，正如西方一句諺語所說的：「睡一覺起來再決定吧。」（Let's sleep on it.）

睡眠可修補身體

「不管我睡多久，每天都還是覺得好累。我想去運動，可就是提不起勁，有時候甚至連動都動不了。我的體重直線上升，整個身體都在發疼，肌肉無力又酸痛，沒有一天好過！」

瓊安長期背負壓力，根本無法安然入睡，少了熟睡期，身體無法自我修復，多年下來，她變得痛苦又虛弱。儘管持續控制飲食，體重還是直線上升。

瓊安受苦的背後，藏著現在多數成人面臨的問題：全身性發炎（影響全身的發炎反應）。全身性發炎跟飲食非常相關，所以留到第六章再來討論。不過即使飲食健康，睡眠品質不佳也可能搧動發炎的火苗。

大型長期研究「心臟與心靈研究」（The Heart and Soul Study）最近在探討睡眠品質對全身性發炎的影響。研究人員連續五年測量某些發炎的生物指標（C反應蛋白、間白素－6和血纖維蛋白原），雖然這是心臟疾病的研究，但影響心臟的發炎反應也會波及到大腦。研究發現，低品質睡眠跟發炎反應加重和心臟疾病風險升高有關，不過兩性受影響的程度不同。睡眠不足六小時的女性，尤其是提早醒來的人，發炎指標上升的機率是常人的二點五倍。倒是男性即使睡不飽，發炎反應也不會太嚴重。這項結果顯示男性的睪固酮可能具有保護作用，而女性雌激素濃度下降（如更年期過後）更會提高發炎機率，因此女性在更年期間更該注意睡眠以及飲食。

瓊安飲食很正常，但睡眠不足是她減重的絆腳石。低品質睡眠會改變調節胃口的荷爾蒙（飢餓肽和瘦素），導致暴飲暴食。還有，研究發現健康的自願受試者才四天睡眠不足，脂肪細胞竟然就產生胰島素抗性，這表示睡眠可能掌控全身的能量代謝，一旦睡眠不足，肥胖和潛在糖尿病就在一旁虎視眈眈，引發後續各種健康問題。

某個電話調查訪問美國五十州將近五十萬民眾，證實睡眠不足和慢性健康問題有很強烈的關聯。訪問中發現常見病狀，如高血壓、氣喘和關節炎都和睡眠不足有關，還有肥胖、心臟疾病和中風也是。目前調查訪談還在進行中，但是研究人員已經得出結論：睡眠不足對大部分慢性疾病影響極大，疾病整體療程應加入睡眠治療。

睡眠不足，小心憂鬱又失智

睡覺不就是稀鬆平常的事嗎？為什麼對身心有這麼劇烈的影響？要理解睡覺的神奇魔力，就得稍微深入探究大腦的分子機制。以下將帶你認識神經科學近來最創新的兩項發現：生物壽命學和類淋巴系統。換成白話文，就是大腦的生理時鐘和半夜大掃除。

遵守大自然規律的「順時鐘睡眠法」

你或許不曉得，大腦藏著一個生理時鐘。說得更精確一點，大部分的腦細胞都有自己的時鐘，控制這些時鐘的計時大師就叫「視交叉上核」。

全身細胞都內建一種計時的波動機制，從細胞的新陳代謝到身體對日常多種需求的反應，全身狀態都受這個機制掌控。計時器遵循二十四小時的晝夜循環，連血清素、多巴胺等大腦化學物質也幾乎照著這種生理節律運作。體內所有計時器都是大腦深處下視丘的視交叉上核在控制，視交叉上核就像一位指揮家，確保所有細胞能跟上節奏複雜的舞步。

視交叉上核依據光線來指揮細胞，影響最大的就是晝夜節律，也就是每天的日夜變化。有些人天生無法輕易跟大自然節律同步（例如夜貓子），但是所有人都會受到生理節奏干擾的影響，尤其現代世界干擾比以前更多。現代生活有很多因素會讓視交叉上核偏離正軌，例如燈光、生活壓力和社會規範（譬如參加過夜的大學營隊）。

光照量最能幫助我們遵循生理時鐘，然而近幾個世代，光照量產生了巨大變化。將近一百年前，大部分的人白天都待在室外，充分接受陽光曝曬；到了晚上，光線就會變得非常暗（甚至完全無光）。因此，我們祖先在日落過後幾個小時，自然就變得很想睡。如果你曾經到幾乎沒有人工光線的地方露營，大概就知道那種感覺。現代人白天晚上都待在室內，白天接收的光線太少，晚上又超出應該曝曬的量。

一旦沒跟上晝夜節律，生理機能很快就會出現變化，引發上述眾多健康疑慮。光是熬夜一天，學習和記憶力就會下降，免疫系統功能減弱，甚至可能引發精神疾病。高達九成的重度憂鬱症患者無法按照節律正常入眠，而濫用藥物或酒精也跟生理時鐘大亂有關。

科學家最近找到晝夜節律失調引發疾病的可能原因。生理時鐘調節許多基因（包括高達一成是基因轉錄體），尤其是與情緒相關的基因。這或許能解釋為什麼睡眠和整體健康情緒有如此大的關聯。睡眠不足會影響掌管代謝、發炎、免疫系統和壓力反應的細胞。根據健康自願受試者的實驗結果，只要一個星期沒睡好，基因表現就會開始改變。

光照量和情緒的關聯已經很清楚了，足以撼動我們對憂鬱症的看法。舉個例子，有研究記錄老年人（共五百一十六人，平均年齡七十二點八歲）夜晚的光照量，發現憂鬱症和臥室夜晚的光照量有強烈關聯，因此研究斷定，晚上盡量降低臥室的光照量，就能預防憂鬱症。

同樣道理，就算是跟季節無關的憂鬱症，如果讓患者一早就接受大量光照曝曬，似乎也能有效治療憂鬱症。一項研究找來非關季節憂鬱症的老年患者，請他們一早就曝曬在大量日光下，在連續三週每天曝曬一小時之後，患者的情緒好轉，壓力荷爾蒙下降，即使實驗中止，效果仍繼續發酵。若適當使用光照治療，改善情緒的效果可能還比抗憂鬱藥物更快更強，縱使病症已經轉成慢性（持續超過兩年）且對藥物沒有反應，光照治療還是能發揮療效。

大腦有一種化學物質叫「褪黑激素」，光照會影響褪黑激素，褪黑激素再影響身體。褪黑激素是根據身體認定的時間、而非現實的時間運作。好比說，你在就寢之前受到光照，身體可能因此錯誤解讀，以為現在時間還早，這就會影響褪黑激素的分泌時間和分泌量，進而對睡眠造成深遠影響。

二〇一一年，研究人員找來一百一十六位健康受試者，讓他們在傍晚時分暴露於兩種光照下，一種是正常室內光線（小於兩百照度），一種是昏暗光線（小於三照度）。幾乎所有人（百分之九十九）的褪黑激素分泌都受到室內光線壓抑，延遲睡眠時間，褪黑激素的作用時間平均縮短九十分鐘。他們也發現睡眠期間若受到室內光照，即使時間不長，褪黑激素濃度也會下降五成，害身體搞不清楚狀況，以為夜晚時間變短。這或許能解釋為什麼冬天夜晚拉長，身體需要更多休息時間，我們卻不能提早入眠；還有為什麼半夜醒來如果開燈，我們就比較難再入睡。

我們最好記住身體已經進化到跟大自然產生良好的關係，這段關係最重要、最持久的關聯就是我們與大自然節律緊密相連，包括季節、月份和更短的作息循環，其中影響最深遠的節律就是一天二十四小時的循環。如果認真想想，我們日出而作，日落而息，萬物生長的時候我們跟著勞動，萬物沈睡的時候我們跟著入眠，這完全符合自然運作的道理。人類需要長時間深沈睡眠，理由完全說得通。

大腦排毒靠睡眠

你可能對淋巴系統不陌生，淋巴就是身體的廢棄物管理系統。淋巴腺和血管平行，把全身的代謝廢物帶到心臟進行最終消除。淋巴系統負責清掉新陳代謝產生的潛在有害副產物，同時主宰發炎和免疫力。不過，淋巴系統不負責清除大腦的有毒物，因為血腦障壁將大腦隔成一個封閉系統。

《科學人》雜誌近期刊出一篇研究，探討大腦如何自行大掃除，被譽為該年度最具科學突破的研究之一。大腦自有一套「類淋巴系統」，與血管平行，將大腦廢棄物清出家門，留給肝臟做最後處置。不過類淋巴的打掃時間幾乎都在晚上，等我們入睡之後才開始。

睡覺的時候，大腦細胞會自動縮到六成大小，讓出空間給類淋巴系統工作，聽起來很不可思議吧。我們睡著之後，類淋巴系統的活力比清醒時多上十倍。也許就是因為這些清掃活動，大腦在晚上消耗的能量才會跟白天差不多。

睡覺其中一個主要目的，或許就是停止大腦的日常活動，換清掃系統上工。這就好像一間辦公室，白天塞滿了職員，進行各式各樣的活動。到了夜晚，大家下班，清潔員才出來打掃，為隔天的辦公環境作準備。

大腦也是同樣的情況，好像只能在白天保持活動警戒狀態，或夜晚打掃之間擇一。那篇研究的其中一位作者麥肯．內德嘉博士（Maiken Nedergaard）就說：「你可以把大腦想成是在家辦派對，要不就是讓大家盡情享樂，要不就是打掃房子，這兩件事沒辦法同時進行。」

這項發現對老年失智症和其他大腦疾病意義重大。大腦會產生一種廢棄蛋白叫β-澱粉樣蛋白，這種蛋白質應該要被類淋巴系統清掉，結果卻在腦內累積，這可能跟老年失智症有某種關聯。雖然目前諸多疑點尚未釐清，不過這項研究確實提醒我們，如果注重大腦健康，我們就不該剝奪寶貴又神秘的睡眠時間。

夜夜好眠的訣竅

如果睡好覺是件容易的事，我們就能夜夜好眠到天亮了，可惜有些事情硬是跟睡眠作對，其中一半是自找的，另一半則無法控制。以下用簡單明瞭的方式為大家說明幾種改善睡眠的良方。

我們把建議分成不同的層次。有些人只要微調，有些人需要全盤改造，並且持續適應一段時間。我們有信心，只要遵守以下建議，所有人都能改善睡眠品質，嚐到優質休息的甜頭：心情更好、腦袋更清楚、身體更健康、大腦更年輕。

準備階段第一部份：臥室須知

最簡單的第一步驟，就是把臥房改造成適合睡覺的環境。有些人只要做好這一步，睡眠問題就解決了。不必花大錢，只要注意幾個小細節。

- **臥房只拿來睡覺。**把工作相關的物品、電視和其他電子產品全部移走，保持簡單整齊。
- **漆黑無光。**就算是只有一點燈光都能改變褪黑激素的分泌狀況，請關掉所有發亮的光源（包括鬧鐘、手機和夜燈）。
- **安靜無聲。**淺眠期間，一點點聲響都可能把你吵醒。如果伴侶會打呼，請考慮使用白噪音機（例如室內空氣清淨機）。如果有需要，請考慮分房睡。研究指出夫妻分房睡，睡眠品質更好。
- **涼爽不悶熱。**身體在冷卻的時候，睡眠品質最佳，室內溫度最好保持在攝氏十五到二十一度。
- **舒適舒眠。**好的床墊絕對是加分，但不必一定要買高價床墊，重點是購買前先在床墊上試躺一下。據美國《消費者報告》指出，在店裡試躺十五分鐘的效果跟帶回家試躺一樣。

注意白天的作息行為，夜晚會更容易深層入眠。

- **輕鬆起床，不要賴床。**每天同一時間（或差不多時間）起床是很重要的習慣，這樣可以固定身體的晝夜節律。除非必要，否則盡量不要用嚇人的鬧鐘。被日光或「日出鬧鐘」[1]叫醒更好。
- **整理床鋪。**調查顯示每天早上整理床鋪，夜晚好眠的機率可增加將近兩成，原因可能是能防止你在床上做其他事情。
- **充足光照。**獲取充足光照，讓晝夜節律發揮作用，最好是醒來一至兩個小時就要接受曝曬。這麼做可以幫助調節自然的褪黑激素循環，提高就寢時間想睡的機率。自然日光是最理想的光照，如果沒有自然光，可以考慮用亮光裝置。
- **早起活動，時常活動。**運動無疑可以助眠，只是注意不要太晚才運動。睡前三小時最好避開運動的優質壓力，降低壓力荷爾蒙，並保持身體涼爽。
- **控制咖啡因。**睡眠品質良好的時候，享用咖啡因飲料並無大礙，不過咖啡因效果可持續十二小時以上，所以最好一早喝一杯就不要再喝了。

■ **吃得早，吃得少。**可以的話，午餐吃最多，因為那時候身體比較適合消化；晚餐少吃一點，但也不要太少，免得睡前還要吃零食。還有，減少攝取蛋白質（會產生刺激），多吃健康的碳水化合物（例如全麥、豆類和根莖類植物），能幫助穩定血糖，讓色胺酸進入大腦，製造安定身心的化學物質——血清素。

■ **避開酒精。**酒精跟咖啡因一樣，只要沒有睡眠問題，適量飲酒無妨（通常是女性一杯，男性兩杯）。睡前小酌雖然有助於入眠，但是兩、三個小時之後酒精退去，可能就會干擾睡眠。美酒配晚餐一起下肚最好。

■ **白天休息幾次，並調整呼吸。**停下手邊的工作，專注呼吸。可以的話閉上眼睛，不行也無妨。只要全力感受呼吸，不需要刻意做其他事。你也可以感受腹部的起伏，幫助你自然加深呼吸。試試看全神貫注呼吸三次。白天只要想到就做一下，花一分鐘就好。如果還有時間，你可以練習下面所介紹的「平靜呼吸技巧」。將意識放在呼吸上，自律神經系統就會放下警戒，關掉壓力反應。

1. 可從手機下載的APP程式，模擬日出光照，逐漸增加螢幕上的亮度，幫助人起床。

平靜呼吸

平靜呼吸靠呼氣排解焦慮和壓力。放鬆狀態的呼氣不費力氣且長久飽滿，不會急著要吸下一口氣。當焦慮或激動的時候，情緒會反映在呼吸上，變得又淺又急促。

下次當你激動的時候，刻意拉長呼氣，就能恢復冷靜的狀態。

＊調成舒服的坐姿或躺平。

＊閉上眼睛，把注意力帶到呼吸。慢慢從鼻子吸氣，心中數到三或四。

＊短暫停住，再溫柔吐氣，數到五或六，吐氣比吸氣時間長。

＊繼續做，摒除其他工作或壓力的雜念。當你把氣吐盡，你會發現最後呼吸會自動暫停一下，這是身體的智慧，提醒你每次呼吸循環之間要短暫靜止一會兒。延長吐氣，更專注在中間的暫停呼吸，就能讓心境恢復或保持平靜。

準備階段第三部分：夜晚須知

你會開始愛睏……非常非常愛睏。至少正常來說，你應該會想睡覺。以下是睡前幾個小時的建議事項，讓你更容易睡個好覺。

關機休眠。睡前一、兩個小時不要再工作，越早結束越好。不工作要幹嘛？試試前人的法子：看本書、寫日記、聽輕音樂、祈禱或冥想。

調暗燈光。至少在睡前一小時關閉電子產品，包括電腦、iPad和智慧型手機。絕對不要躺在床上看電視。盡量調暗室內燈光，或改點蠟燭。睡前讓室內全暗可以有效產生自然睡意。

先升溫再降溫。至少在睡前一小時洗個熱水澡，讓身體於就寢時剛好處於冷卻狀態。

喝點牛奶。一杯溫熱的牛奶（或杏仁奶、豆奶、大麻奶）有助於入眠。奶類的色胺酸能加深睡眠強度，溫熱的口感則可以讓身體放鬆。加一點肉桂、小豆蔻或肉豆蔻效果更好。

最後步驟：睡覺須知

這部分最簡單。只要躺平，閉上眼睛，睡著。試試以下建議，睡眠真的可以很簡單。

規律就寢。每天晚上固定時間上床，如果能固定時間起床，效果更佳。

- **想睡就睡，沒睡意就別睡。**雖然就寢時間最好能固定，但我們也希望身體能將「床」和「入睡」兩者的意義產生連結，而不是躺在床上千辛萬苦勉強自己睡著。
- **睡前行程。**就像小時候人們最喜歡的一連串睡前程序，像是喝溫牛奶、刷牙、上廁所、鑽進棉被、聽睡前故事，然後關燈。安排你的專屬程序，做一點開心的事，好好哄自己睡覺。
- **側睡。**如果你習慣仰睡或趴睡，那麼很抱歉，研究顯示側睡呼吸更順，睡得更香。如果你吃太多或太晚吃，請先面朝左邊躺床，能幫助消化。

高效能的「午睡小憩充電法」

睡午覺是很好的習慣，只要不妨礙晚上睡眠就好。下午小睡一會兒，學習能力似乎更好，更能用創造力解決問題。聰明的公司就會鼓勵員工睡個午覺，譬如Google就有提供午睡艙。以下是午睡的一點建議：

■ **慎選午睡時機。**不要讓白天的睡眠打亂晝夜節律，害得晚上睡不著覺。如果你是在十點、十一點就寢，午睡就盡量安排在中午至三點之間。

■ **要睡太久。**愛因斯坦有一件很有名的事蹟，他習慣拿著湯匙睡覺，一旦真的睡著，湯匙掉到地上，他就會被吵醒。午睡不必一定要那麼短，但是最好訂在半小時以內。睡太久反而精神不佳，晚上也睡不著。

這樣做，提升助眠力——

利用上述建議的睡眠保健法，能為睡眠打下良好基礎，但不一定能解決所有問題。如果你試過以上所有方法還是睡不好，那該怎麼辦？

■ 首先，你可能要暫停某些習慣。不管是哪一種失眠，最好全天停止使用任何咖啡因或酒精（如果你習慣攝取咖啡因，必須慢慢減量）。同時先不要睡午覺，直到睡眠恢復正常為止。

■ 接著，白天接受更多光照。如果可以的話，在陽光最亮的時候（日照正午）待在戶外半小時。如果做不到，可考慮買一個一萬照度的照明箱。如果你患有季節性憂鬱症，請在一早（六到八點）和傍晚（五到七點）使用光照，讓大腦以為白天還很長。

- 用更多方法讓晚上的住家空間更暗。有必要的話，在窗戶加裝遮光窗簾，如果超出預算，也可以改戴眼罩。避免所有藍光波長（包括電腦螢幕和收音機鬧鐘），在居住空間加裝調燈開關，為電腦或iPad下載抗藍光軟體（有一款免費應用程式叫f.lux）。
- 想睡的時候再上床，在床上清醒超過二十分鐘就該下床了。到燈光比較暗的房間看點書，內容不宜太刺激；或是寫寫日記。把擔心的事寫下來，你就不會一直想著那件事了。
- 不要一直想著失眠這件事，做別的事讓大腦沒空繼續細想。你可以試著心算數學，譬如從三百一直減三往回數。你也可以嘗試平靜呼吸技巧(見第一四〇頁)。
- 茉莉或薰衣草精油可以有效減輕焦慮，幫助入眠。你可以晚上洗澡的時候用，放在房間擴香，或直接在枕頭滴一滴精油。精油很快就能發揮作用，在嘗試下列自然療法之前，不妨先試試精油。

無法入眠時的自然療法

如果到這個階段還睡不著，難免會想尋求藥物協助，我們可以理解。但是你可能還不想放棄。安眠藥物研究指出，安眠藥不如大多數人以為的有效，只能讓我們每晚多睡個幾分鐘，還會引起記憶問題和其他副作用。一般來說，除了少數特殊狀況外，我們並不建議長期依賴安眠藥。

下列自然療法也是短期為主，只要你重新建立正常睡眠模式，就不必再繼續。如果你已經在服用藥物，或是對於採取任一種自然療法有任何疑慮，請先向醫師諮詢。

褪黑激素

還記得褪黑激素嗎？視交叉上核是計時大師，褪黑激素就是調節交叉上核的大腦化學物質。大腦只有在黑暗中才分泌褪黑激素，即使是普通室內燈光都會影響分泌狀況。所以首先，請按照前述指示調暗燈光。褪黑激素確實會隨年齡遞減，如果你需要靠外力幫忙入睡，服用少量褪黑激素錠既安全又有效。

○一開始先吃極低劑量（零點二五或零點五毫克即可），睡前一小時服用。如果吃的是舌下錠（含在舌下溶解吸收），那麼睡前十五分鐘服用即可。

○如果有必要，可以每三到四天增加劑量。正常劑量是一至三毫克，每晚不得超過六毫克。

○專家認為褪黑激素相當安全，但可能還是有副作用。如果你發現精神比較遲鈍、無法集中或感到憂鬱，請立刻停止服用。

胺基酸

吃蛋白質就能攝取天然胺基酸，單獨攝取則有輕微的藥用效果。褪黑激素的功能是幫忙入睡，胺基酸則是維持入睡狀態。我們認為最有效的選擇是色胺酸和茶胺酸。

一、色胺酸（或是5—羥基色胺酸）：大腦利用色胺酸製造血清素，具安定身心、加速入眠的作用。食物含有大量色胺酸，最多的是火雞肉和乳製品，睡前一杯溫牛奶應該就夠你一夜好眠了。當然你還是可以服用色胺酸錠，或是類似的5—羥基色胺酸（5-

HTP）。

正常劑量是五百到一千毫克色胺酸，或五十到一百毫克5－羥基色胺酸，睡前一小時服用。

若你正在服用抗憂鬱藥物，請先向醫師諮詢。

二、茶胺酸：茶胺酸能提高大腦另一種安定化學物質γ-氨基丁酸（GABA），對於緩解焦慮特別有效。茶胺酸也能從食物攝取，含量最多的是綠茶，不過直接吃茶胺酸錠效果比較強。

正常劑量是一百到三百毫克，一樣是在睡前一小時服用。

草藥療法

藥用草藥的歷史非常悠久，安全又有益。效果比處方藥溫和，不過很適合當成睡眠療程的附加步驟。草藥選擇眾多，最好的產品通常是複合配方，包括啤酒花、洋甘菊和檸檬香蜂草。我們覺得最有效的草藥是百香花跟纈草。

一、百香花：百香花聽起來不太有助眠效果，實際上這種植物非常能夠安定身心，尤其能撫平擔憂和焦躁的心。

正常劑量是四百到七百毫克的冷凍乾燥萃取物，或十五到三十滴純露，睡前半小時到一小時服用。

二、纈草：常被稱為「天然鎮定劑」，其根部是效果溫和的鎮定劑，附帶抗焦慮的特性。

一錠為五百到一千五百毫克，或是十五到三十滴純露，睡前一小時或更早服用。

其他身心療法

值得信賴的研究顯示白天做瑜珈、太極和針灸能改善夜晚睡眠品質。也可考慮找一位治療師進行失眠的認知行為治療，研究顯示治療效果比安眠藥物更有效且持久。

自我催眠的好眠練習法

最後介紹一種自學練習，是運用自我催眠的技巧改善睡眠。催眠是重建修復睡眠的極佳工具，因為催眠具備輕鬆入眠的三大要素：專注精神、沈浸在體驗中，以及聽從指令。一開始最好有人帶著你做這些練習會比較有幫助，之後你就能自己進行。2

■ 首先，坐在椅子上，採取舒適坐姿（練習一陣子，更能聽從指令的時候，就可以躺在床上做）。

■ 視線稍微往上盯住室內的靜物，就算房間沒開燈也無所謂。

■ 保持專注，同時注意你的呼吸循環，從吸氣到完全吐氣算一個循環，總共做二十個循環，第一個循環從一數到十，第二個循環從十數回一，依此類推。

■ 現在你應該已經察覺到細微的變化了。例如眨眼的次數變多，甚至你會乾脆閉起眼睛。呼吸節奏也變得深長緩慢。每次吐氣，肌肉就放鬆更多一點。緩慢輕柔地感受這些變化過程。

■ 待精神放鬆之後，在腦海想像一棟大房子，一棟舒適溫暖，有很多房間的大房子，你的臥房就在其中一個角落。每間房間都有一根蠟燭照亮室內，先從離臥房

---

2. 「回復力生命機構」（Resilient Life Institute）提供一系列引導冥想、課程和練習的CD和DVD，幫助大腦保持年輕。完整內容請至www.resilientlifeinstitute.com查詢。

最遠的房間開始。想像你悄悄進入房內，走向蠟燭，盯著燭火。接著，下一次吐氣的時候，請一併把蠟燭吹熄，然後回到燭火通明的走廊。走進下一個房間，一樣把蠟燭吹熄。一直照這個模式，安靜地走過每個房間，每吹熄一根蠟燭，屋內的靜謐就越加擴散開來。彷彿房子越漆黑寧靜，你也變得越來越安靜想睡。

當你逐漸走近臥房，屋內靜默無聲，你已經可以感覺到外在意識和內心畫面的界線逐漸模糊，你慢慢沉入睡眠。當你終於走進臥房，蓋上被子，你會感受到身體每個部位都想好好休息，想躺下來把頭深深埋入枕頭裡，並且毫不費力地陷入沈睡。就讓這些過程自然發生……。

你可能直接就在椅子上睡著了，沒關係，重點是你瞭解既然在椅子上都能睡著，躺在床上入睡更不是問題。如果你覺得自己已經準備好從椅子換到床上，別猶豫，儘管做。睡眠之屋的大小由你決定，只要蠟燭與房間夠多，就能將白天的繁務一一拋到腦後，讓你和你的想像力躺到床上，安心迎接夜晚的到來，好好睡上一覺。

這個練習專門解決大家都遇過的窘境：毫無睡意躺在床上，反覆想著，我失眠了。

通常我們以為只要努力就能解決失眠。錯了。其實我們不必做任何事就能睡著。睡眠的矛盾之處就在於，努力想睡反而會越睡不著。入睡是自然發生的事。你必須放棄努力而讓睡眠自然發生。

說都比做來得簡單，不過只要你常練習，加上力行本章的其他建議，我們敢保證你一定能更輕鬆入睡。

重點 Key point 觀念

- 健康大腦最不能妥協的生活方式就是休息，尤其是睡眠。但是大多人都有慢性睡眠不足的問題。
- 無論年紀大小，一個人所需的睡眠時間都差不多，倒是睡眠模式會改變。不過睡眠問題是可以預防的。
- 改善情緒、記憶力、療癒力最有效的方式是優質睡眠。
- 在健康睡眠期間，身體會進行兩種如萬靈仙丹的生理活動：調整生理時鐘，並清空大腦。

CH. 6

關鍵3：營養充足

今天選擇的食物，會決定你明天、明年、乃至於再下個十年的健康狀態。

「吃食物。適量。蔬果為主。」──麥可．波倫（Michael Pollan），飲食書作家

供應養分給身體和大腦並不難，但是在營養知識爆炸的現代，我們的飲食竟然還比前幾代更不健康。

在二十一世紀，要吃對食物似乎沒那麼簡單。如果你仔細看過各種飲食書、部落格和節目，應該早就被互相矛盾的說法搞得暈頭轉向。

第六章要揮大刀斬斷五花八門的論點，直接端出最簡單持久護腦營養飲食。這一章一樣先為你精選可用的科學研究，討論我們以往碰過的例子，希望能增加你對營養飲食的基本概念。

現代飲食問題有多大？這、麼、大——

本文開頭的波倫引言第一句話是「吃食物」。為什麼要說吃食物？這不是每天都會做的事嗎？

不，並不是這樣，其實我們每天吃的大多都不是食物。只要沒保留食物原樣的都不算「真食物」。我們出生得太晚，很少人親眼見識過古早的雜貨店，那時雜貨店還沒被加工包裝食品攻陷。從歷史的眼光來看，加工食品是非常近代才出現的產物。早餐穀片可能是最早上市的「加工食品」，認真算起來，加工食品的歷史還不滿一個世紀。

早餐穀片原先是善意的發明，想讓民眾攝取更多全麥營養，但是看看現在架上賣的穀片，你很快就會發現事情變了調。食品業越來越懂得把食物變得更美味（通常是靠更多糖分和脂肪）、更方便，再加上政府在旁援助，加工食品的價格也非常低廉。但不幸的是，食品業很少把食物變得更健康。

除了食品業轉向變成加工食品，近數十載的飲食潮流更大幅改變人類飲食的本質和健康程度。

纖維攝取量降低。加工食品不止去除了主要營養，還把食物加以分解，挑掉纖維，加速消化。纖維變少，血糖就容易升高，打亂新陳代謝。

糖分攝取量一飛沖天。說到打亂新陳代謝，過去三十年人類攝取的糖分飆高。兇手是市面上大量出現的便宜果糖（高果糖玉米糖漿），絕大多數的軟性飲料和加工食品都有添加。果糖對身體不好，《美國醫學會期刊》近期一項研究就證實，攝取過多糖分會提高心臟病的死亡率，高度糖分食用者的心臟疾病致死風險則變成兩倍。

膳食脂肪亂象。幾年前，人們說要吃得健康，就不能吃肉類、奶油、含人造奶油的乳製品和其他氫化脂肪的「壞」飽和脂肪。現在我們確定氫化油脂對身體不好，但飽和脂肪究竟是不是那麼壞，就沒那麼肯定了。一份大型國際研究指出，沒有證據顯示飽和脂肪會導致心臟疾病，多攝取不飽和脂肪也無法預防心臟疾病。這類發現可能顛覆過去數十年被奉為圭臬的營養觀念。哈佛流行病學家法蘭克．胡博士（Frank Hu）回應該研究：「單一攝取巨量營養素的方法已經過時了。我認為未來飲食法則會更注重天然食物，而非某種巨量營養素的攝取上限或臨界點。」

omega 3脂肪酸不足。我們的祖先常吃野味和牧草飼養的動物。這些動物攝取的飲食富含omega 3，所以吃牠們就像吃魚，可以攝取高omega 3。omega 3可以消炎、促進神經元功能，是大腦不可或缺的營養成分。現代人類和家畜所吃的穀物omega 3含量低很多。再加上現在炒菜的油都是omega 6居多（例如玉米油、葵花油、大豆油），人體的omega 6對omega 3的比例竟然從一比一大幅降至二十比一。從實際角度看來，這表示人體的消炎能力大幅弱化，偏偏發炎反應正是慢性疾病的主要因素。

穀物大變身。現代人主食大多吃小麥，但現代小麥跟從前祖父母時代吃的多種小麥已經完全不同了。現在小麥是單作栽培（小麥以前有很多品種，現在只剩一種），營養完全比不上從前的多種小麥。而最大的健康問題是，現代小麥含有更多蛋白質（麩質和凝集素），引發更多人出現嚴重的發炎反應。

吃得更多。一九七〇年代起，民眾肥胖程度急遽上升。根據最近的蓋洛普調查，只剩三分之一的美國人體重正常，百分之三十五體重過重，另外百分之二十七點二已經列為肥胖。短短三十年，即使脂肪攝取量降低，美國人的平均攝取熱量卻暴增百分之三十。誰害的？那些多出來的熱量大多來自精製穀物和糖分，也就是說，兇手是每餐吃過量，還有汽水和點心零食。

我們當然能吃得比現在更好，尤其讀完下一段落，你絕對會想吃得更好！

吃得好，是活力大腦的科學基礎

用膝蓋想也知道，吃得營養才會身體健康。這說法我們聽了幾十年，自己也都體驗過吃得健康，身體就更有活力的感覺。然而科學研究不斷找到新證據，證明吃進嘴巴的東西不僅影響身體，還會大力影響思考、感受和行為。

請別忘了，食物在體內產生的效應很即時，同時也很持久。今天吃的一餐就能影響好幾個月的大腦和身體狀態，甚至長達數年。待會你就知道，我們吃進自己身體的食物，還能影響到孩子，甚至是後代子孫的健康。

降低糖分、壓力和發炎的風險，可以保護大腦

之前提過，正常老化並不會喪失記憶力，大腦也不會縮水。但是大腦是極度敏感的器官，不好好保護就容易受傷。腦部有三種最可怕的威脅：葡萄糖過多、代謝壓力和發炎。靠飲食就能化解這三大危機。

科學提出一項卓越理論解釋人類為何老化，原因出在一群名為「醣化終產物」（advanced glycation end products，簡稱AGEs）的有害化合物。醣化終產物跟許多慢性病有關，例如糖尿病和心臟病，而且是跟著血糖一起上升。另外，老年失智症患者大腦的醣化終產物比平常人更多。研究認為，醣化終產物把蛋白質、血糖和腦細胞捆成黏黏的一團，害神經元功能受損或提前死亡。若老年失智症患者血糖過高，也會加重蛋白質對腦血管的傷害。

血糖似乎真的能縮小大腦，而且不必很多就辦得到。就算你的血糖還在正常範圍，只要數值接近上限，海馬迴就有可能縮水。而且血糖越高，對大腦越不利。華盛頓州一所大型健康機構研究發現，葡萄糖和老年失智症發作有驚人關聯：血糖越高，癡呆風險越大。

飲食攝取大量糖分或簡單（精製）碳水化合物會使血糖上升，如白麵包、義大利麵

和玉米製品，不過，壓力也可能是高血糖的成因，因為壓力荷爾蒙皮質醇會督促你進食。而且不只叫你吃東西，還特別指定是會讓血糖快速升高的食物，也就是剛剛說把大腦害慘的精製糖分和麥類製品。

慢性壓力不只讓人不舒服，對身體也有害。壓力會影響認知和記憶，還提高老年失智及其他失智症的風險。壓力反應引起的問題或許能解釋，為何有些人的大腦出現跟癡呆症一樣的細微變化，卻沒有得到老年失智症。這些人肯定有保護大腦的因子，但到底是什麼因子？近期發現指出，癡呆症基因的開關是由一種蛋白質調節，而這蛋白質屬於正常壓力反應系統。身體內建多種避免大腦老化的措施，與壓力保持健康關係就是其中一種。

後面章節會教你降低壓力的有效策略，同時，也別低估飲食降低壓力的能力。

另一種細胞層級的壓力稱為「氧化壓力」。代謝氧化是腦細胞製造所需能量的作用，過程複雜且混亂，氧化還會產生有害大腦的有毒副產物。幸好，大自然把保護元素加進食物，其中最重要的營養素就是抗氧化劑。顧名思義，抗氧化劑能對抗氧化的有害效應，提供大腦需要的保護元素。

年紀大了之後，代謝氧化過程會變得更混亂，所以我們更需要攝取保護營養素。待會我們就要直接列出能保護大腦的食物，不過簡而言之：請攝取種類豐富的鮮豔蔬果。植物營養素不僅賦予蔬果顏色，還能保護大腦。

慢性壓力有害健康，其中特別有害的後果就是促使發炎。別忘了，發炎和壓力反應一樣，都是正常作用，是身體一部份的保護機制，可以在受傷之後抵擋感染，療癒身體。但是，身體的正常作用不應該一直處於啟動狀態。

影響全身的發炎稱為「全身性發炎」，這種發炎跟腦部疾病的關聯越來越深，比如失智、中風和憂鬱症。平衡血糖和胰島素（允許葡萄糖進入細胞的荷爾蒙）可以長期降低發炎反應，第六章後半就會教你怎麼做。

好腸胃，比好大腦重要

食物過敏也會引起發炎。先前提過近幾年食用小麥的改變，還有最近常聽到的「麩質不耐症」。雖然媒體確實誇大其詞，但麩質不耐症卻是真實存在的現象。

目前僅有極少數人罹患「典型乳糜瀉」（一種自體免疫疾病），但是越來越多人出現麩質不耐症。梅奧醫院研究顯示，麩質不耐症並非憑空捏造的症狀，它有重大健康風險，而且大多源於發炎反應。研究人員總結，可能是飲食習慣改變（吃更多麥類製品）和小麥活性反應增加，麩質不耐症比例才會越來越高。

麩質過敏的生成原理如下：免疫系統負責抵禦外來入侵物，包括麩質和其他食物蛋白質。一開始，吃一點麩質好像無所謂，除非腹瀉，不然身體也沒什麼大礙，所以這時候麩質還能暫時安然穿過消化腸道。但是，現代飲食不斷攝取大量高麩質小麥，終於惹到免疫系統於受不了，開始起反應。腸胃發炎就是身體耐不住麩質的表現，換句話說，你開始對麩質過敏了。真正的麻煩這時候才要上演。

腸道內膜是人體防禦系統的重要一環，腸道長期發炎卻會侵蝕腸道內膜。腸道內膜就像一道特殊的「體內肌膚」，嚴格把關進入身體的物質，遇到所需養分就吸收，不需要的就繼續向前推進消滅。很多食物只要留在腸道就沒事，但一進到血液裡事情就大條了。

腸道內膜發炎很容易出事。例如「腸漏症」是指腸道把關能力變弱，麩質和其他外來蛋白質趁機穿過腸道障礙，進入血液。這些外來入侵者惹惱了免疫系統，於是系統一聲令下，全身都開始發炎。不幸的是，全身性發炎會讓大腦特別容易受傷。

為什麼麩質問題這麼普遍？其中一個原因就是我們實在吃太多小麥了。很多注重健康的人以為每天都要攝取小麥，於是天天吃全麥或其他含麩質穀物（如玉米、黑麥、斯卑爾脫小麥和卡姆小麥）。以前我們的祖先沒有天天吃小麥，因為他們吃不到。小麥不是一年四季都有，他們只能吃當季食物，結果免疫系統因此多了一些休息時間，免去過敏反應。由此可知，解決麩質不耐症的方法之一，就是不要那麼常吃小麥。

其他食物也會引起相同的過敏反應，最常見的有奶類、玉米、雞蛋和茄屬植物（如番茄、茄子、甜椒等）。

消化系統還有另一個不為人知的大腦影響因素，那就是腸道菌的健康。越來越多證據顯示這群名為「微生物」的細菌會影響大腦功能、身體健康和整體狀態。

其中一塊蓬勃發展的研究領域，就是在探討益生菌對情緒和焦慮的保護作用。舉個例子，研究人員把焦慮老鼠的腸道菌換成正常老鼠的細菌之後，焦慮情況就改善了。幼童時期微生物的健康似乎會影響成人血清素系統（安定大腦的化學物質，也可調節情緒）的健康。

不久的將來，處方藥就會加入特定益生菌，專門治療一系列疾病。某些腸道菌品種已證實能改善老鼠與母親分離的焦慮行為、降低人類的壓力反應，並解除焦慮，推測可能是腸道和大腦利用神經高速公路「迷走神經」達成良好溝通。

從出生以來，我們就和體內的微生物保持共生（互利）關係，人體健康必須仰賴微生物的健康。已知微生物會改變基因表現、免疫功能、體重和新陳代謝，如果幼童時期體內微生物很健康，長大之後自體免疫疾病就少，包括第一型糖尿病、多種硬化症、類風濕性關節炎，甚至老年失智症。

消滅微生物或許是過去五十年自體免疫和發炎疾病突增的原因。「衛生假說」[1]認為人類太在意細菌和消毒，經常使用抗菌和其他化學物質，大量消滅腸道菌，導致我們更容易生病。該領域的研究員珍恩．丹司卡博士（Jayne Danska）解釋：「腸道菌叢是人體重要的一部份。細菌細胞對人體細胞的比例超過十比一，細菌是我們的伙伴。」我們應該把腸道菌當成戰友。

生活方式能改變基因，逆轉老化

綜合營養學家卡洛琳．丹頓是我們「回復力夥伴」的同事，她說「食物即資訊」。

換句話說，食物不只是發動身體的燃料，裡頭的營養，不論是巨量營養素（蛋白質、碳

水化合物和脂肪）或微量營養素（維他命、礦物質、益生菌），更提供細胞工作所需的資訊。

受孕當下就決定好的DNA密碼有一張重要的藍圖，裡頭是人體細胞該做的工作。但是DNA無法事先決定我們會成為怎樣的人，或將來會得什麼病。DNA密碼只是告訴細胞該做哪些事，例如要製造哪一種化學酵素才能進行新陳代謝。DNA提供藍圖，至於各種基因要怎麼展現自己（又稱基因表現），就涉及到很多因素了。其中最重要的因素是細胞從食物接收到的資訊。

也就是說，你吃的食物能決定你生什麼病、病情能不能緩解、甚至能不能事先預防生病。這類科學研究稱為「後生遺傳學」（epigenetics），這種理論已經開始改變我們對健康和疾病的看法。越來越多證據顯示日常活動、壓力大小和飲食等生活方式會決定哪些基因有表現機會。

1. hygiene hypothesis，是一種醫學假說，指童年時因缺少接觸傳染源、共生微生物（如胃腸道菌群、益生菌）與寄生物，會抑制了免疫系統的正常發展，進而增加了感染過敏性疾病的可能性。

漸漸有證據顯示我們的飲食甚至會影響到後代子孫的健康。譬如一項研究發現，如果老鼠吃太多，吃到產生代謝症候群（肥胖和胰島素抗性），後代子孫即使正常飲食，還是有可能出現代謝症候群。人類也有相同狀況。瑞典研究員四處蒐羅農作物產量的紀錄，想從中探討未來世代的健康成果，結果發現父親年輕時（青春期之前）攝取的食物份量，跟子女的心臟病機率及孫輩的糖尿病風險有關。科學家認為身體後天的變化會傳到後代子孫身上，就算ＤＮＡ密碼沒有記載這些變化也一樣。

除了心臟病和糖尿病之外，已知還有兩種年齡疾病也跟後生遺傳的影響有關：癌症和失智症。大腸癌和其他許多癌症一樣，越來越常跟老化和肥胖連在一起。ＤＮＡ甲基化是一種決定基因開關的作用，這種作用深受老化和過量飲食影響。我們也能靠飲食減緩甲基化，並降低大腸癌風險。譬如體內維他命Ｄ和硒量高的人比較不容易罹患大腸癌。

西班牙研究員最近發現，與記憶相關的疾病也會受後生影響。人體有一種基因負責處理一種名為「tau」的蛋白質沈澱（跟額顳葉失智症有關的病態蛋白質），研究員發現老年失智症變嚴重的時候，這種基因就會關閉。由此推論，當這種基因失去效用，就有可能引發失智症。

上述發現開啟了醫藥的全新可能，同時也多了新的希望，那些已知影響基因開關的生活習慣（如飲食和降低壓力），現在也可以預防老年失智等症狀了。一份研究時間長達三十五年的前瞻性報告指出，遵守健康生活習慣的人，也就是規律運動、健康飲食、正常體重、適量酒精和不抽煙的人，老年失智的罹病機率減少了六成（更不用說心臟病風險下降了六成五）。

加州大學舊金山分校的狄恩．歐尼胥博士（Dean Ornish）和同事提出更驚人的想法：生活方式可以逆轉老化！他們花五年追蹤罹患攝護腺癌風險低的男性，請一組人改善生活習慣（如：飲食、活動、壓力管理和社會支持），另一組則維持原本的生活方式。結果前者的染色體端粒（染色體末端具保護作用的ＤＮＡ）竟然增長百分之十，後者則呈現一般老化現象，縮短百分之三。歐洲以外的研究也證實，攝取蔬果能加長端粒長度和壽命。

我們認為上述資訊帶來新的希望，建議你也往好的方面想。你的基因不等於你的命運。你可以靠生活方式改變基因。想想看，自己可以掌握基因開關，這是多麼厲害的事啊。今天選擇的食物會決定明天、明年、再下個十年的健康狀態。有了這些健康飲食的好理由，我們就來看看該怎麼吃得健康。

讓大腦變年輕的吃法——

市面上眾多飲食都犯了一個謬誤，他們只規定一種吃法，好像那種吃法人人都適用。我們可不這麼想。每個人都是獨立個體，對我有用的不一定對你有效。印度古老健康體系阿育吠陀（詳見《快樂的化學原理》）的飲食法就很注重個體差異，現在很多營養學家卻不重視這一點。

待會要介紹的不能算是飲食，應該說是吃的方法。很多人無法持之以恆就是因為飲食法太困難、太痛苦或太嚴苛，就算是自願實施飲食法，最後也會受不了嚴苛標準。伏爾泰就曾說過：「追求完美反而壞事。」

建議你先從「百分之五十一方案」開始，也就是：只要健康飲食超過一半，持續往更健康的方向前進就好。久而久之，試著把健康飲食調整到七、八成以上。不要想百分百按照健康飲食法，偶爾也放一天假大飽口福吧。

該吃營養補給品嗎？

介紹飲食方法之前，先想想你的飲食是否足夠，還是你需要吃營養補充品。

美國一半的成人每天都吃維他命，然而很多醫生卻認為只是吃心安。知名醫學期刊剛登出一篇研究，證實醫生的看法。一群醫生在同一期期刊投稿社論，標題直白地寫著：「夠了，別再浪費錢買維他命和礦物質。」

該研究追蹤六十五歲以上的男性醫師，發現每天吃維他命的人和每天吃安慰劑的人相比，老化引發的認知衰退程度並無二致。不過作者提醒，本實驗的受試者（全部都是醫師）「可能平常已經攝取充足營養，所以無法測出補充品效力。」又說：「建議未來可以找其他群體實驗，例如營養不足的人，以判斷每日攝取多種維他命是否有助於維持認知功能。」

研究評論也指出，他們給醫師吃的維他命（銀寶善存）是最基本的低劑量維他命，原本就沒有增進認知功能的效用。

同一份研究早期發表的結果則顯示，每天攝取維他命能降低癌症和白內障機率，其他研究也顯示營養補充品對記憶力有正向影響。例如具憂鬱傾向的中老年男性吃維他命

B_{12}和葉酸能改善認知功能，出現早期認知退化的老年人吃維他命B能減緩大腦萎縮速度。最近研究才發現有一種結合綠茶、藍莓萃取物、維他命D和胺基酸的抗氧化補充品，可以加快中老年人大腦處理資訊的速度。以上只是自然療法正向效果的冰山一角。

我們認為最好的作法還是靠飲食攝取所需營養，你可以從下列飲食方法開始做起。不過讀過大量研究之後，我們也覺得如果在正確時機聰明採取優質自然療法，營養補充品還是有其功用。雖然補充品無法補救不良飲食習慣，不過我們還是列出一部份經科學證實的營養補充品供你參考，盡量教你如何從飲食攝取這些營養素。

營養補給	作用	建議吃法	食物來源
維生素B群（或綜合維他命，至少五百微克B_{12}、二十毫克B_6和八百微克葉酸）	維他命B能降低高半胱胺酸。高半胱胺酸是一種有害化合物，跟發炎和老年失智有關。維他命B還可以減緩老年失智初期的腦部萎縮。	一天劑量分成早餐和晚餐各吃一半。	全麥、乾燥豆類、肉類、魚類、奶類、新鮮蔬果。

Omega 3：魚油	減少發炎，預防心臟病、憂鬱症和記憶力損失。	每天兩千毫克Omega 3（或一千毫克DHA）。	富含油脂的魚類：鮭魚、沙丁魚、鯡魚。堅果：核桃、杏仁。種子：亞麻籽、南瓜籽、奇亞籽、大麻籽。
維他命D_3	對免疫、情緒、骨質健康、預防癌症和葡萄糖代謝很重要。	四月到十月攝取零到兩千國際單位，十月到四月攝取兩千至五千國際單位（讓血液的維他命D含量高於四十）。	魚類、蛋、強化食品（如牛奶、柳橙汁、穀片），或每週三到四天曬太陽十五分鐘。
鎂	鎂含量不足很常見，跟認知功能受損有關。鎂能改善記憶力和神經傳導。	適合大腦的種類：每天一百四十四毫克L-蘇糖酸鎂（或每天兩百五十至七百五十毫克檸檬酸鎂）。	綠葉蔬菜和水果、奶類、全麥、堅果種子、豆類豆科。
益生菌	幫助維持正常腸道菌，對免疫、情緒和代謝很重要。	活菌有三百到六百億種，選擇含有六到八種不同活菌的產品。	優格、酸奶、發酵高麗菜、天貝、味噌、納豆、泡菜。

維他命E	減緩輕度老年失智症的進展。	綜合天然維生素E每天四百到八百國際單位（如果已患失智症，一天最多兩千國際單位）。	酪梨、堅果、葉菜類、葵花籽、小麥胚芽。
薑黃素	降低發炎和胰島素抗性，改善憂鬱症。	四百到六百毫克，每天二到三次（以百分之九十五的薑黃抽出物為標準）。	芥末和咖哩會用到的薑黃。
磷脂絲胺酸	一種天然脂質，可以保護神經細胞，改善記憶、集中力和情緒。	每天兩百到四百毫克。	大豆卵磷脂、肉類、內臟。
乙醯左旋肉鹼和硫辛酸	強力的抗氧化物，可增進體力和敏銳思緒：可能會減緩認知衰退。	乙醯左旋肉鹼每天五百到一千五百毫克；硫辛酸每天一百五到六百毫克。	肉類有乙醯左旋肉鹼，葉菜類有少量硫辛酸。
銀杏	促進大腦血液流動和減緩記憶力損失的藥草。	六十毫克，每天兩次（以百分之二十似的醣苷或銀杏脂為標準）。	銀杏茶。

健腦的十大飲食守則

現在來談談飲食守則：以下十大原則能幫助你攝取充足營養以保護大腦、冷卻發炎反應、改善消化，甚至調節基因表現，無論你有沒有吃營養補充品，效果都很好。

守則一：以全麥食品為主食

大自然已經將身體所需的資訊用食物完美地包裝起來，專業說法就叫「全麥飲食」。

- 盡量吃保留原樣的食物（未經加工、精製或任何處理）。
- 在超市盡量只逛賣場四個周邊的食物，加工食品通常都擺在中央走道。或者直接去天然食物超市、農夫市集或菜市場購買。
- 仔細檢視食品包裝上的說明。如果成分是你看不懂意思的字，請直接放回架上，因為那些都不是天然完整的食物。

守則二：食物種類越豐富越好

儘管超市賣的食物五花八門，我們買回家的種類還是比祖先吃得少太多了。攝取種類豐富的食物可以確保我們吃到所有所需營養素，還可以讓身體稍作休息，才不會同一種食物吃到過敏。

- 按照大自然規律，吃當地栽種的當季蔬果：秋冬多吃肉類、魚類、瓜類、燉菜、湯品和其他「慰藉食物」（即富含營養的高蛋白飲食）；春天吃得清淡，多吃新鮮葉菜和嫩芽（即低脂排毒飲食）；夏天盡情享受鮮蔬水果（也就是高碳水化合物的清涼飲食）。
- 吃綜合穀物，重新掀起復古流行，例如蕎麥、藜麥、生燕麥、大麥、裸麥、小米、糙米和野生種稻米。
- 擺脫每天吃同一種食物的壞習慣，尤其是麥類和奶類。把常吃的食物跟其他種類的選擇換著吃（最好是每三到四天輪替吃一次），才能安心享受食物，不怕因攝取過多而發生問題。

守則三：以蔬果為基底

世界各地的健康飲食都有個共同點，就是：大量攝取多種蔬菜水果。

- 每天要吃六到十二份（以上）的蔬果。聽起來好像很多，但做起來並不難。記得要吃各種鮮豔的蔬果，包括綠色、黃色、紅色、橘色和紫色。
- 每天至少吃一種綠葉蔬菜（芥藍、菠菜、英國葉菜、甜菜），和一種十字花科蔬菜（綠花椰菜、白花椰菜、球芽甘藍、高麗菜和小白菜）。
- 吃適量水果。水果含果糖，所以甜度較高、較成熟的水果（尤其果乾）會迅速提升血糖。新鮮或冷凍莓類是不錯的選擇。

守則四：多攝取健康脂肪

我們一直被灌輸脂肪是壞東西的觀念，但是有專家認為人類祖先的熱量有三分之二來自健康脂肪，而他們的發炎疾病機率比現代人低很多。今日肥胖比例偏高的其中一個原因，就是糖和碳水化合物取代脂肪成為熱量來源。腦細胞仰賴膳食脂肪協助情緒和記憶運作，如果把一些碳水化合物換成健康脂肪，大多人都能受益。

- 多吃omega 3脂肪：例如富含脂肪的魚類（沙丁魚、鯡魚、鮭魚）、堅果（核桃、杏仁、胡桃）和種子（亞麻籽、大麻籽、奇亞籽）。
- 沙拉醬和低溫烹調盡量用橄欖油（或酪梨油）。高溫烹調則用葡萄籽油或椰子油，盡量少用omega 6的油（玉米、大豆、花生、菜籽、紅花）。
- 吃一點飽和脂肪無傷大雅，近期研究指出飽和脂肪不會引發心臟病，不過還是謹慎為上，不要吃太多。肉、蛋、奶類最好取自穀物飼養、不打激素、有機（且人道）飼養的動物。

守則五：重新認識蛋白質

前陣子很流行高蛋白飲食（如阿金飲食法或原始人飲食法），食品商更是推波助瀾，替點心棒和加工食品加入更多蛋白質。但是新研究指出中年人（五十至六十五歲）採取高蛋白飲食（定義是熱量來源超過兩成來自蛋白質）的健康風險跟抽煙差不多，癌症和糖尿病風險比低蛋白飲食者高出四倍。不過研究指出，六十五歲以上的人攝取蛋白質確實能夠預防癌症，而且研究員認為多吃蛋白質可以預防體重減輕和肌肉流失。

■除非身體活動量很大，否則大多男性每天只需八十克以下蛋白質，女性是六十克以下。根據經驗法則，一份蛋白質大約是一個手掌或一張撲克牌的大小。男性大約是二十至三十克，女性則是十五至二十克。

■只吃蔬菜也可以獲取大量蛋白質：豆類、豆科、全麥，甚至綠葉蔬菜也有蛋白質。雞蛋不只提供優良蛋白質，還能補足所需胺基酸（比較起來，四盎司（約一百二十克）肉類約含三十克蛋白質，一顆雞蛋是六克，一杯豆子則是十五克以上）。

■如果你為了健康採取低碳水化合物飲食，請用健康脂肪取代碳水化合物的熱量，不要多吃蛋白質。試試「改良版原始人飲食」：四分之一盤蛋白質，四分之一盤澱粉和半盤蔬果，再額外多吃健康脂肪。

守則六：減少糖分

糖分不只讓體重上升，還對大腦有害，減少糖分可說是最重要的飲食改變。然而，大量研究顯示糖分是很難戒除的癮頭，如果你「嗜糖如命」，請謹慎緩慢地進行，千萬不能置之不理。

■ 首先減少或戒除最明顯的糖分來源，包括：汽水、果汁和含糖飲料。

■ 忍住想吃甜食的衝動，少吃烘焙食品和其他零食。大部分人不必立刻禁吃，先從一天吃一次開始，再改成一週吃幾次。最後你可以學著把甜食留到特別時刻再享用。

■ 最後，解決比較不明顯的糖分來源，例如包裝食品（八成都有含糖）、調味料、加工肉類、花生醬。不要忘了以精製麵粉做成的麵包和義大利麵跟糖其實沒兩樣。另外，最好不要用代糖取代糖分，代糖對大腦的傷害甚至更深。

守則七：多吃纖維和益生菌，對腸道好一點

如果飲食習慣很糟糕，吃纖維也不會常保年輕，不過還是有一定效果。高纖飲食能增進消化和排泄、維持體重、減緩身體吸收糖分的速度、排毒，並且餵飽腸道益菌。很少人能攝取足夠纖維或益生菌，請參照以下原則：

■ 每天至少吃五十克纖維（美國人大多吃不到二十克）。植物無法被消化的部分就

是纖維，所以如上述建議，多吃蔬果就有幫助，尤其新鮮清脆的最好。最好的纖維水果是莓類、蘋果和奇異果，高纖蔬菜包括豌豆、綠花椰菜和高麗菜。

■ 膳食纖維的最佳選擇是豆類和豆科植物，如果你不習慣吃豆類豆科，可以慢慢增加份量。全麥也很好，別忘了堅果種子（亞麻籽、奇亞籽、大麻籽）的纖維也很多。很多人生吃洋車前子也很有幫助。

■ 幾乎每天都要吃一些多益生菌的食物，包括優格、酸高麗菜（Sauerkraut）等發酵蔬菜，和一些亞洲食物（味噌、泡菜或喝冬菇茶）。記得確認食物含有活菌，而且盡量多吃不同種類的活菌。你也可以把錢省下來，自己做發酵蔬菜。

守則八：將毒素減到最低

有毒化學物質容易受脂肪吸引，害腦細胞容易受損。雖然不太可能完全阻絕毒素，但只要肯防範，一定有效益。

■ 就能力所及購買有機食物。如果沒辦法全部吃有機，至少最容易污染的農產品盡量吃有機：「美國環境工作組織」每年都會列出十二種農藥最多的蔬果（如：蘋果、芹菜、櫻桃番茄、小黃瓜、葡萄、辣椒、油桃、水蜜桃、馬鈴薯、菠菜、草莓、甜椒、甘藍和美國南瓜）。另外，多逛逛農夫市集或社群支持型農業[2]，你可以用很划算的價格買到非常新鮮的蔬果。

- 一週吃一、兩次魚就好。Omega 3雖然有益健康，河川海水的污染實在防不勝防。根據「環境防衛基金」的資訊，最安全（也最環保）的選擇是北極紅點鮭、鯖魚、野生阿拉斯加鮭魚、虹鱒和美國或加拿大黃鰭鮪魚。
- 適度飲酒。許多研究指出少量酒精對大腦有益，甚至可以降低失智症風險。紅酒似乎對心臟有益。少量酒精可促進健康，過量可就不好了。男性一天最多兩杯，女性最多一杯。喝多了反而使認知功能大幅衰退。

守則九：徹底清淨體內系統

不管多謹慎，你還是會多少吃進毒素。你應該要把排毒加入個人衛生習慣。排毒比你想得還簡單：

- 水分充足，排毒會更順利，所以記得大量補充水分（不建議瓶裝水，因為塑膠瓶本身就可能有毒）。加入一點檸檬有助排毒。每天喝八杯以上十二盎司（約三百四十毫升）杯子的水：例如一早起床兩杯，早上兩杯，下午兩杯，每餐再配一點水。晚上就少喝水，以免半夜跑廁所。

- 減少咖啡因和含糖飲料。咖啡因和糖雖然也有水分，實際上卻會使人脫水。多喝綠茶（含微量咖啡因）或含有薑、蒲公英根、水飛薊[3]或薄荷的排毒花草茶。
- 偶爾或每一季做一次排毒。排毒療程範圍很廣，若只要加強消化、把毒素排出體外，那不會太困難。

守則十：更專心吃飯

這個原則簡直可以自成一章。

---

2. Community Supported Agriculture，簡稱 CSA，是指由社區居民直接購買在地的農產品，尤其是支持力行有機栽培的小農。
3. 原產於地中海區域及西南歐地區的菊科植物，有保肝的作用。

專心面對食物的好處說也說不清。研究顯示吃飯放慢速度會增加飽足感，降低食量，還能吃到更多營養素，降低肥胖或糖尿病機率。我們認為如果你更留意吃進去的食物，你就會更瞭解身體需要的營養，知道哪些食物比較營養，哪些比較不健康，你也更能察覺自己何時吃飽。以下是簡單的守則，如果你想更瞭解專心吃飯的方法，請參考後面的「專心吃飯法」。

- 放慢速度。只要減速就行了。細細嚼碎，細心品嚐，然後再多嚼幾下。
- 從頭到尾更注意吃的動作：飢餓感、期待吃飯的心情、食物的視覺、嗅覺和口感、咀嚼吞嚥的動作，然後再繼續吃下一口。
- 注意第一次感到飽足感的時機：這時更要放慢速度，當你真的覺得吃飽了，看看自己能不能停下筷子，就算飯菜還沒吃完也沒關係。

正念飲食法

＊安排一餐獨自吃飯，或是跟願意的朋友一起安靜吃飯。

＊先想好要吃什麼。既然要花心思品嚐食物，不如選擇更健康、完整、美味的食物。

＊專心用心準備食物。

＊坐下，閉上眼睛，讓心思安靜幾分鐘。可以的話，對食物表達感謝之意。

＊集中所有感官神經：注視食物，注意看形狀、顏色和份量。先聞一聞再放進嘴巴，先用嘴唇感受，再放進嘴裡品嚐，感受食物的熱度、質地和口感。每一口都細細品味，注意在嘴巴不同部位所感受到的體驗都不一樣。你甚至可以仔細「聆聽」身體享受一頓好料理的聲音。

＊吃第一口前，先專心感受飢餓，體會期待的心情和嘴巴為了迎接食物所做的改變。

＊特別注意第一口，味道多麼強烈，舌頭和整個嘴巴都覺醒了過來。

＊每一口都慢慢咀嚼，忍住狼吞吞嚥、想吃下一口的衝動。稍微提醒自己，平常那種吃法太草率了，有時甚至根本沒留意吃到什麼食物。

＊每一口都要刻意咀嚼，留心品嚐享受。

＊注意吃的動作，下巴和舌頭的移動，身體處理食物的自然流程，咀嚼一番然後往喉嚨送。忍住吞嚥的慾望，直到食物完全嚼爛，味道都被釋出為止。最後再特別注意吞嚥的動作。

＊繼續保持這個流程，如果心思飄走就再抓回來。

＊稍微注意肚子，尤其是飽足感開始出現的時候，那就是你吃得夠多的訊號。看看你能不能在吃飽之前就停下筷子。

＊試著每一餐都留一點時間專心吃飯，盡量找時間專心吃完整餐。

重點 Key point 觀念

- 飲食主宰大腦的健康。好的食物帶你上天堂，壞的食物帶你住病房。
- 科學正在細究營養充足的大腦如何幫你活力老化。
- 有必要吃營養補充品嗎？這個議題到現在仍爭議十足，我們盡量釐清問題，告訴大家究竟該不該吃補給品，又該如何利用藥草和營養錠加強飲食。
- 步入中老年後，怎麼吃才能保護大腦？你可以參考本章我們從科學角度擬定實用的飲食法，強化大腦就要這樣吃。

PART

3

心智健康，打造活力腦

在極端之間游移的活力心智

「任何愉悅或痛苦的經驗都有可能太多或太少。若是時間、事物、對象、動機和方式感覺都對了，那就是最適中、最好的進展，是種美德的表彰。」

——亞里斯多德

佛道的中道指的是學習調整思想、衝動和行為，藉此離苦得樂的道路。亞里斯多德從西方哲學傳統延伸出來的「中庸之道」（Golden Mean）也是類似概念。中道就是努力從兩種思想和行為的極端找到中點，因為所有極端都代表一種人類的缺點。東西方哲學都認為，任一種人類特性若是太極端、不受控制，就會變成負面缺點；平衡中庸的特性則是正面的美德。

第三部分講的是心智的中道。這條中道的目的是培養關鍵能力，按照人生本身的條件，把人生活得更充實。培養好奇心、彈性和樂觀可以維持健康的大腦和強力的心臟。以上準則可以搭起橋樑，連結支持大腦的生理鍛鍊和更高層次的鍛鍊，例如與他人交流、發揮自我最高潛能，過著忠於自我的生活。

上述三個關鍵特性不會自動或憑空養成，而且三者相輔相成。好奇心讓我們更深入瞭解世界；彈性訓練我們調整適應沿途遇到的事情；而無論遇到什麼阻礙，樂觀都會讓我們保持希望和信任。步入中老年之後，這三大特性可以維持心智與情緒健康。接下來第七章到第九章將介紹相關知識和建立特性的具體步驟，助你發展圓滿的自我。

CH. 7

關鍵 4：常保好奇心

我們無法完全理解或預測未來，面對不確定性總得做點什麼，這就是好奇的中心價值。

「我沒什麼特殊天分，只有好奇心特別強烈。」
——愛因斯坦

好奇一定會「殺死貓」嗎？——

考考你，以下字詞全都具有哪一種心靈特質：坐立不安、容易分心、聰明、很常感到驚奇、很常覺得無聊、勇敢、渴望、大膽、惡作劇、冒險精神、魯莽粗心、滿意、衝動、求知、上癮、擅長交際。

以上字詞全都指向我們稱為「好奇心」的心靈狀態。如果你會注意到脈搏稍微加快的情況，如果你看到猜字謎語就忍不住想解題，你大概就是好奇心比較旺盛的人。

好奇心通常帶有一點不安定感。譬如剛開始解題的時候，大腦可能會覺得有點不愉快。但是好奇心也是強大的驅動力，迫使我們追求目標，目標達成之後，心情愉快自不在話下。好奇心有時反覆無常，一下子被某件事吸引住，想一探究竟，一下子又被別的更有趣的東西帶走。如果定力不夠強，好奇心常常會害人分心、惡作劇（想想《好奇猴喬治》系列的那套書），或做出更危險的事。畢竟在那句諺語裡，好奇心不就殺死那隻貓了嗎？

好奇心跟不滿意和不滿足的經驗相連。大腦造影研究證實好奇心跟憂鬱的迴路一樣！憂鬱症患者常常感到不滿足，幾乎已經到了情緒麻痺的地步；但對於好奇的人來說，不滿足反而能驅使他們探索新的視野。右腦善於辨認感官、心情、思想和行為新模式，並與獎勵機制相連，可以將不愉快轉變成深層的愉悅。

世上數一數二有名的驚人發現大概就是受到好奇心的驅使。比如據說哥倫布患有憂鬱症，結果在大腦的獎勵機制強力驅使下，好奇心就這樣帶領他跨越廣大汪洋，找到另一端的新大陸。研究現代探險家和冒險家的結果也顯示，他們不滿意現況，一直想找到更好的選擇。大腦不滿足、冒險和獎勵的特質，可能會推動好奇心，有時還進一步促使整體往更好的方向改善。

好奇心，雙面刃——

你大概在想，人類為什麼要演化出好奇心？跟大多演化結果一樣，好奇心是為了生存。簡單型態的生物不需要好奇心。如果你是一朵攀附在珊瑚礁的美麗海葵，以海洋為家，觸手隨著洋流飄動，那你實在不需要好奇心。海葵只要偵測海流挾帶的是食物還是危險對象就好了，但是越複雜的生物體，越需要好奇心。當動物為了狩獵或採集食物必須親身探索周遭環境時，他們就需要更精密的感官和溝通方式，察覺周遭變化，這時好奇心就攸關生存了。

不要輕忽，好奇心有時真的能殺死貓。好奇心過盛有時候會引來悲慘下場，動物王國的例子最貼切了：愛戲水的河馬寶寶離媽媽太遠，結果遇到河裡的鱷魚。河馬寶寶的好奇心已經可以說是魯莽了，鱷魚當然不會輕易放過牠。鱷魚咬住河馬，把牠壓進水裡淹死，接下來的事，就像你們知道的那樣了。

還記得第二章討論戰或逃的反應拉鋸戰嗎？受到好奇驅使的人腦內正是產生這樣的反應。在光譜的一端是極力避免任何風險的人，另一端則是少數愛好刺激的冒險家。

研究顯示，愛好刺激者的大腦和其他人不一樣。一看到令人振奮的圖像，他們大腦的多巴胺（俗稱「快樂的化學物質」）活動程度便明顯高出許多。多巴胺會進入大腦處理分析情緒訊號的腦島區域，同時大腦還會壓抑調節情緒的前扣帶迴皮質。換句話說，加速器都在運轉了，煞車卻在休息！

大部分的人跟他們相反，我們會盡量選擇更安全、熟悉、可預測的方向。研究總結這些追求高風險、刺激感的人，大腦的進取系統比較強，同時還懂得擋住恐懼訊號，不像一般人收到訊號就轉身逃命。這些人把注意力放在興奮、刺激或誘人的事物上，把刺激背後可能隱藏危機的訊息擋在門外。

回到演化的話題，人類的好奇心從感興趣到追求刺激，範圍這麼廣不是沒有道理的。一個部落族群有幾位願意出外探險的族人是件好事。愛好冒險的祖先讓人類逐漸擴散到全球各地，在不同的棲息地存活下來。有人愛冒險固然是優勢，但只有少數人愛闖蕩才正好，如果人一多就麻煩了！好奇心太旺盛，遇到危險不懂得踩煞車，面對風險和獎勵沒有足夠智慧判斷孰輕孰重，對任何群體都不是好事。一如尋常，大自然早已在極端之間找到平衡。

人類演化數百萬年，才在有益生存的探索和威脅生存的冒險之間取得平衡。現代人的好奇心曲線呈鐘型分佈，某些人非常謹慎，某些人非常性喜刺激，大多人則落在中間地帶。每個人都有自己的好奇程度，無關對錯好壞，不過步入中老年之後，培養一點好奇心是好的。後面會教你如何稍微挑起好奇心，並收下好奇心帶來的身心和社交獎勵。別擔心，你不會因此變成整天追求刺激的傢伙！

腦細胞最喜歡新奇、未知與挑戰

「我從來沒這樣過，好像得了幽閉恐懼症，被自己的人生困住。」五十二歲的蘇珊早在孩子還小的時候，就過著非常規律的生活，現在孩子上大學去了，先生還在職場打拚，蘇珊反倒陷入困境。終於度過二十五個年頭，好不容易可以自在探索人生，蘇珊卻一點也不覺得解脫。她和那些不積極培養好奇心的人一樣，當好奇心來敲門，他們反而害怕放掉原本熟悉的一切。

好奇心是一種心智狀態，促使我們跨出已知領域，追求新奇的未開發地帶。如果好奇迴路不經常啟用，大腦就會慢慢安於平常熟悉、固定不變的行程，就像蘇珊一樣。安於現狀不是壞事，但是太固定的生活會陷入停滯，心靈僵化，跟不上生活的突發進展。這也許是很多人剛退休卻無所適從的原因之一。退休放下工作壓力是好事，然而欠缺挑戰、刺激和新奇的生活有時也是要付出高昂代價。

好奇心有許多面向，最重要的面向有兩種，一是外界刺激，例如工作遇到的挑戰；二是反映內在特質，無關外在環境變化。我們要幫你培養內在生成的好奇心，對終生健康益處更有幫助。

很多人喜歡追求可預測的規律，在充滿不確定的世界握住掌控權。當然，想掌控生活沒什麼不對。但是研究顯示新奇、不可預測、不確定的經驗最能刺激腦細胞生長。接觸未知、沒面對過的事物會強迫大腦想出新的策略和解決辦法，促使大腦變得更有彈性，更能適應新挑戰。

刻意讓大腦面對新事物可以獲得很多好處。好奇心較重的人常有下列傾向：

- 壽命較長。
- 降低失智症機率。

- 人生更充實、更有目標。
- 人際關係更圓滿。
- 從年輕到老都很會交朋友。
- 感覺自己更快樂滿足。

我們的目標是讓你幾學會個簡單活動，從中培養心智彈性。

終身學習，讓大腦充滿彈性

年紀漸長，數十年的人生漸漸累積成一座巨大倉庫，儲存在裡頭的知識會告訴我們該做什麼、何時該做、該怎麼做。一遇到新的經驗，我們就能熟練快速地拿來跟先前遇過的各種主體相配對。這種能力代表我們的智慧，是完整度過前半人生應得的獎勵。知識和經驗可以隨著年紀積累，好奇心卻無法跟著提升。培養好奇心的聰明方法需要多練習、專心，還要願意追尋不確定性，踏上追求充實人生的神秘之旅。

長大之後，大腦還是會保留感到好奇的能力，但是我們必須運用這份能力。大腦感到好奇的時候，會同時動用到左右腦。遇到全新無法預測的事物時，你一定得先搜尋一遍已知資訊（位於左腦中心），同時將新經驗整合一遍（由右腦中心負責）。如果你經常感到好奇，大腦就會持續增長、修正並重組神經網路。簡單來說，終身學習是一個很重要因素，可以保持大腦年輕有彈性。

容我提醒一下：不一定要讀書或在課堂學習才能引發好奇心！好奇大腦追求的是感官學習，換句話說，是五官（嗅覺、味覺、觸覺、視覺、聽覺）接受正常刺激的學習。在馥郁花香的園子或海濤陣陣的岸邊漫步、享用芬芳異國香料陪襯的全新料理、欣賞音樂盛宴或戲劇演出、聽搞笑諧星伶牙俐齒地鬥嘴、報名美術課或去學手拉坯，或者單純只是走另一條不同於平常的路線去拜訪朋友，看看陌生的街景建築：這些都是從感官學習培養好奇心的例子。感官學習不僅動用全腦，某種意義上來說，感官學習也毫不費力。

種下好奇的種子

研究員發現好奇心有幾項特性，而且每個人的程度差異不同。看看以下的提問，替自己評分。一顆星代表幾乎沒有發生過這方面的好奇心，五顆星代表家常便飯，天天都在好奇：

＊你的好奇心多強烈？

＊你很常感到好奇嗎？

＊你的好奇心可以維持多久？

＊你好奇的領域範圍多廣？

＊你的好奇心可以多深入？即使已經超出當初好奇問題的範圍，你還是會繼續探究下去嗎？

每個項目都是一種量表，你在各個項目的表現是強是弱？把得分加總，你落在好奇心旺盛（十八至二十五）、適中（十至十七）還是微弱（小於九）的區塊？這不是很科學的計算方法，但可以讓你稍微覺察到自己是否天生具有好奇心，還可以提醒你該在心靈花園埋下好奇的種子，越老越要積極栽培它。

好奇心是餵飽大腦的最佳食物

如果我們調整生活方式，刻意促進好奇心，大腦會有什麼反應？很多有趣的研究把好奇和肚子餓、逗人笑的幽默，甚至和美感欣賞放在一起比較。這三個看似八竿子打不著關係的現象，其實比表面上更有關聯。大腦有一個強大的獎勵機制，當我們遇到跟以前開心經驗類似的新狀況，獎勵機制就會啟動。

大家都知道肚子餓的感覺。血管的偵測器發現血糖降低之後，會傳送訊號給大腦，通知大腦吃飯，這種訊號就稱為「飢餓」。飢餓訊號會啟動大腦深處和上方中心的皮質區，製造情緒動機，引起我們的注意。飢餓的感覺會越來越強烈迫切，直到我們終於吃東西填飽肚子為止。吃飽之後，我們就開心多了。

肚子餓只是其中一種我們必須滿足的訊號。大腦也會餓，但大腦想要的是可以「餵飽」好奇心的新奇有趣事物。吃一頓好料會啟動大腦的快樂中心，面對不確定性體驗到的新奇、挑戰和勝利感也會啟動快樂中心。平時多「攝取」能刺激好奇心的事物，才能滿足大腦的胃口。

想要一再重溫過去的美好時光，這不難理解。但如果已經知道會發生開心的事，快樂中心還會啟動，那就有點意外了吧。結果證明，上述猜想錯誤！換句話說，跟已經知道會發生什麼事、而且料想也無誤正確相比，反而是出乎意料的結果能更快捕獲大腦的注意力。

大腦一旦發現事情不如預期，就會立刻集中注意力。畢竟我們不喜歡希望落空的感覺。這時，大腦的注意力和記憶中心會立刻上工，企圖得到原先預期的獎勵。此時大腦會呈現渴望學習的狀態，特別是「恭喜你，答錯了！」這種希望答對卻期望落空的時候。當謎團的正確答案終於揭曉，譬如像是聽到笑話最後一句的絕妙雙關時，通常都能把我們逗得很樂。

快樂和學習新知之間的關聯很重要，可以讓我們瞭解好奇心在人生的重要地位，瞭解好奇心怎麼幫助我們維持中老年的活力。我們的論述隱藏了一個重點：好奇心是未來取向，一定都是關於尚未發生的事。我們可能會好奇以前發生過的事會不會再發生，或是純粹對全新的事物感到好奇，想知道會發生什麼事。既然我們無法完全理解或預測未來，面對不確定性總得做點什麼，這就是好奇的中心價值。

美，能啟動大腦的專注力

好奇心強烈的人更能發現並欣賞世界的美。不過這跟維持大腦年輕有什麼關係呢？原來體驗美感能增強生物優勢，若能培養美感進而美化生活，對老化其實也很有幫助。

如果想要大腦健康有活力，可以常常接觸我們認為美的事物。美能強力啟動大腦的注意力中心，鼓勵我們長時間關注美的物體。我們可能會深受美的吸引，好像一時被擄獲，想走也走不開。當眼睛（耳朵或鼻子）專注欣賞的時候，大腦正忙著處理所有進來的資訊。我們認為美的事物通常是由有點熟悉和完全新奇的印象結合而成，但是大多時候，大腦都將美的東西判斷為「第一次接觸」。欣賞美感的時候，大腦的獎勵機制會釋放多巴胺，因此我們變得專注、入神，興趣完全被勾起。

體驗美感啟動的迴路跟高度好奇的迴路一樣。事實上，欣賞美感產生的生化物質跟好奇心密切相關。從這個角度看來，玩樂和欣賞美感都能動用到大腦的重要迴路，幫助我們保持專心、認真解決問題並在萬千世界活出精彩人生。

李奧納多・施萊因（Leonard Shlain）是一名外科醫生，他很好奇藝術界和物理界能有什麼關聯。會不會兩邊是井水不犯河水？沒想到施萊因的研究結果驗證，我們在藝術和科學分別體驗到的美感，都能刺激好奇心，保持大腦的活力。施萊因說：「革命的藝術和洞見的物理學都在探討現實的本質。」一位充滿好奇的藝術家能超越現有形式，一窺未來可能會有、但還沒出現的藝術。或許這就是為什麼欣賞前衛藝術通常沒辦法很放鬆。換句話說，美是好奇的一種形式，要我們拋出疑問，探索未知，檢視不能理解的部分。這麼一說，美和飢餓一樣，也是未來取向，促使我們更深入參與未來，藉此創造未來。

美與好奇的關係還有一點經常被忽略，但其實跟活力老化非常相關的面向。我們太在意時間的流逝和生命的終點。我們都知道「不要為了趕路，反而錯過沿途風景」。但是隨著年紀變大，時間似乎加快了腳步，我們不由得疑惑：「時間都溜去哪兒了？」古典樂作曲家白遼士寫道：「時間是位偉大的老師，可惜，所有學生都得死在它手裡。」

會覺得時間過很快，是因為我們已經累積了豐富的人生經歷。每天遇到的事件越來越多像以前的翻版，不必多費心思就能瞭解其中意義。一旦開始拿習慣的放大鏡看待現在的生活，大腦就不會把專注意識放在生活上。正在經歷的一切變得支離破碎，被併入過去類似的經驗，不再是完整獨特、與特定地點時間相連的獨立經驗。

好奇心可以讓時間不再被打碎成毫無差別的同性質分類。好奇心讓生活常保新鮮的理由之一，就是能將類似的經驗變得新奇有活力。小孩子每天玩同一種遊戲玩不膩，因為對他們而言，每次玩的都是不同的遊戲，規則和感受天天都在變。美也能產生不一樣的感受，就算是以前見過的事物，呈現的方式也會不同。美賜予我們活力、生命力和新生。誰不希望時常充滿生命力呢？年紀越大，越是需要。

聰明的腦袋＝好奇的大腦

「『越來越奇妙，越來越莫名了。』愛麗絲喊道，……『我可憐的小腳丫，不知道以後是誰要幫你穿上鞋子和襪子呢，親愛的？』」在沒一件事是正常的夢遊仙境，愛麗絲的脖子往上長得越來越快，雙手和雙腳離得好遠，她的反應就如同書名（Alice in Wonderland，直譯是「愛麗絲在驚奇之地」），凸顯生活尚未完全探索的方面和好奇心的關聯。愛麗絲知道自己遇上前所未見的怪事，但是她已經開始思考在這無法確定的狀況裡，她能做些什麼。

這種未來取向正是大腦的初衷核心。研究發現，聰明才智跟已知事實數據比較無關，而是我們能多有效率地根據現有資訊預測未來。當我們發現的新情報足以引起注意力，好奇就會驅動大腦探索周遭環境（或自己！），驗證預測是否正確。研究發現，當受試者看到有點熟悉或能辨認出某個部分的物體，負責集中注意力和解讀新知的大腦區域就會啟動，而啟動時機就是受試者說「覺得有點好奇」的時候。或許這就是聰明和好奇密切相關的原因：聰明的腦袋通常也是好奇的腦袋，好奇的腦袋會收集新經驗，豐富知識和智慧的存量。

來我們診所的人大多是生活某些問題太容易發生已變成常態，無法引發思考，於是人們很少動腦幫老問題想出新解法。我們的療法有一個特色，就是能勾起人的好奇心，找出新的解決辦法。若能發現自己的新能力，或長久不見改善的問題找到新的解決辦法，對他們而言都是很棒的獎勵。

失控風險和愉悅獎勵間的奇妙平衡

之前討論過好奇和獎勵的關係。得到獎勵通常會讓人開心。我們在期待即將到手的獎勵時，大腦會分泌大量多巴胺，督促我們更努力、再探索久一點、專心面對目標，擠出最後一份力氣把獎勵拿到手。一旦得手，大腦就分泌大量血清素（多巴胺在大腦快樂中心的化學物質同伴），使我們感到滿足又充實。

血清素分子能增加安定感和飽足感，使人感到滿意且冷靜。前面說過，飽足感不只是指吃東西吃飽。好奇心會驅使我們滿足各種心靈和情緒的飢餓，而大腦滿足之後，化學物質釋放後所形成的放鬆舒適狀態，不管持續多久，都是我們能獲得的最大獎勵。我們能暫時蜷曲著身體，享受片刻血清素帶來的安定功效。

不幸的是，大腦的未來取向也給我們添了不少麻煩，看看衝動的賭徒就知道。賭博就是好奇心失控的下場。衝動的賭徒明知獲勝機率頗低，然而大腦的進取迴路刺激過強，抑制迴路刺激不足，導致衝動戰勝理智。他們的思想情緒遭到扭曲，認不清自己承擔不起的賭博高風險。娛樂越了界變成上癮。他們非常看好獲勝的機率（或者說已經認定穩贏了），幾乎沒想到要踩煞車，直到事情一發不可收拾為止。儘管錢越輸越多，只要中間小贏一下，他們就更確定下一把或下一次轉盤幸運女神就會降臨。等到最後輸到大崩盤（通常都是崩盤結尾），震驚、後悔、羞愧、失望等情緒就會湧上心頭。不過賭性堅強的人一下就能振作起來，負面情緒立刻被興奮取代，因為他們相信下一次肯定可以贏更多回來。

好奇程度正常的人在賭博之前就已經預想到最壞的結果，他們可以小賭怡情，發現局勢不對就立刻收手。這種人把賭博當娛樂，拿來消遣時光，不會養成戒不掉的自我毀滅惡習。他們的快樂中心仍然會驅使他們行動（進取系統），但同時逃避系統也會啟動，而且他們擁有更精準的判斷力，會將當下情形跟過往經驗互相比較。

好奇跟其他大腦能力一樣，有好處也有壞處。步入中老年之後，我們必須持續運用好奇系統的兩個面向。沒了好奇心，大腦會漸漸安於一成不變的生活，交由逃避系統主宰決定。面對變化萬千的環境，大腦必須經常調整適應，藉此增強腦力。而了無新意的生活欠缺挑戰，會使大腦根本無法成長茁壯。

適度無聊的必要

我們已經知道好奇心必須跟謹慎達成平衡，否則就會有危險。再來，好奇心也要跟無聊的容忍度達成平衡。年紀大了以後，生活似乎自然而然便從年輕充滿好奇變成無聊的例行公事。

有研究將無聊分成兩種，一種是暫時陷入無聊的狀態，一種是具有慢性特徵，跟憂鬱密切相關。沒有人喜歡一整天無精打采，無事可做，但是短暫的無聊是避免好奇心無限延伸的重要對應特質。培養容忍一成不變的耐力，讓身心情緒暫時歇一會兒，我們才不會永無止盡地追求新奇有趣的事物。

大腦從新的經驗汲取資訊時，總會碰到最重要的資訊都已經收集完畢的時刻。此時心靈獲得滿足，隨之而來的是短暫的無聊。

無聊通常有兩種反應，一種是暫時停止汲取資訊，不管面前擺著多麼誘人的新知，大腦只想先把得到的資訊好好消化一番。消化剛剛到手的資訊是解讀並鞏固經驗的重要步驟，下次需要的時候就能即時派上用場。另一種反應則是轉移注意力。

無聊提醒我們目前的經驗已經沒什麼價值，該轉身尋找更好玩的東西。第一種反應要大腦收回好奇心，專心吸收消化；第二種是要好奇心帶著動機繼續向外探索新的環境，尋找全新經驗。稍微無聊其實不是壞事！來學習忍受甚至接納無聊吧。

培養人生下半場的好奇心——

好奇心這支舞要怎麼跳？基本步驟有哪些？根據這一章到目前為止的內容，你可能已經猜到了。你或許猜對，或許猜錯。繼續看下去，你就知道你的大腦預測迴路有沒有認真運作了。

還記得好奇心不能只短暫對新事物感到好奇，最好是每天都對生活周遭感興趣嗎？我們的目標是讓你帶著好奇的眼光看世界，進而自然而然變成面對世界的態度。這是需要練習的。第一步先特地安排充滿不確定和驚喜的活動。好奇心會暫時讓你感到不自在，但是短暫不適能換來快樂能力的進步。下列是用好奇心讓自己踏出舒適圈的一點建議。

放慢生活腳步

有多少人曾經嚷嚷下次放假要「什麼都不做，只要放空」？那可能是先天智慧叫你趕快停止勞碌，否則就會心力交瘁。

如果每天忙著趕工，時間一久可能會累壞身體。精疲力盡的徵兆包括疲勞、沒動力、失去目標或意義、變得憤世嫉俗或看別人不順眼，不管做什麼都不滿足不快樂。累壞的時候，大腦很難產生好奇心，因為好奇心就是要向外尋求更多刺激。放假的目的就是疏通堵塞的心靈／感官，才能再次接納新的經驗。當然，一兩年才放一個禮拜的假根本不夠好奇心恢復健康狀態。

進入後半人生之後，生活拋出的問題就是要預防精疲力盡。人生真正的目的是什麼？什麼事情對我最有意義？活出充實開心的人生，最重要的事是什麼？想回答以上問題，生活就必須調整成可以吸取新經驗、又能從過去經驗學習的步調。看看你現在生活的節奏，有時間做這些事嗎？

- 每週的活動安排要有事可做，也有時間放空。
- 晚餐飯後散個步。
- 每天寫日記記下一天發生的事。
- 寫下每次作夢的內容，你會逐漸看出潛意識在想什麼。
- 養成冥想的習慣。
- 上瑜珈課。

上舞蹈課。

這些都是緩慢、沈靜、溫和的活動，能騰出心靈空間讓創意發芽。對了，整晚盯著電視絕對不是放空。看電視會過度刺激大腦，引發睡眠問題，最後反而成為過健康步調生活的絆腳石！

追求新意

定期參加活動，脫離熟悉的舒適圈。追求生活的新意。尋找驚喜。隨興之所至，即興發揮。這麼一來就能擴展熟悉的舒適圈，從事以前很少嘗試的活動。打開報紙藝文版或訂閱當地的活動刊物，在行事曆上至少寫下一項要參加的活動。參加活動不是為了找到終生興趣，只是要體驗一下過去從沒經歷的活動，給感官多一點刺激。

培養技能

第二個建議是參加活動，拓展能耐的舒適圈。如果活動程度稍微超過你目前的技巧等級，你的能力就會長進。大腦永遠都想要長進，挑戰心靈和身體可以滿足大腦想持續成長的渴望。熱情和好奇能有效抗衡焦慮、擔心和恐懼。好奇心可以開拓生活疆界，焦慮和恐懼則是禁錮身心與情緒的牢籠。

這裡有個簡單的練習，幫你輕鬆建立好奇心。

把報紙藝文版攤開，看看最近有哪些活動，像是免費表演、藝術展覽、電影或舞台劇首演、新開幕的餐廳或其他新玩意兒。接下來三個月，每個月都要參加兩項新活動。活動結束之後，回答以下問題，再把答案記錄下來。三個月後，你會發現自己好奇心指數上升，生活也更多采多姿。

- 這次活動跟以前參加過的有哪些相同之處？
- 這次活動帶給我哪些新的體驗？
- 我學到什麼預期外的新知？
- 我對自己有什麼新的認識？
- 這次的學習有哪些可以應用到生活上？

學著享受一個人的生活

請在自己參加活動和揪人參加之間找一個平衡點。一個人做事可以增進跟自我的關係。你是一個極其複雜的個體，你還有很多尚未被發掘的地方，好奇心也能發揮在自己身上。等你越來越熟悉並接納自我，你就能帶著滿足的心與他人互動，加深與他人的連結，賦予這段關係更多意義。

如果你上了年紀，經濟能力又能負擔，建議自己報名或找伴參加「銀髮遊學團」[1]。

玩樂不設限

在第十一章會詳述玩樂有多麼重要。現在只要先知道，沒有什麼比無拘無束的純粹玩樂更能培養好奇心了。純粹玩樂的其中一個特質就是完全開放，沒有任何規矩。

事實上，你可以觀察小孩子玩耍，他們每次覺得無聊、沒興趣的時候，就會立刻變

1. Elder Hostel，美國首創的成人教育旅遊組織，提供老人住宿服務，並進一步結合教育與旅遊，兼具學習與娛樂的功能。

換遊戲「規則」，即興想出新玩法。不停修正經驗，讓大腦忙個不停，對孩童大腦發展絕對有益。研究顯示，步入老年的成人這麼做一樣可以繼續發展大腦。

走不一樣的路

寫第七章結論還真有點矛盾。下結論就表示論述要收尾了，而好奇心如整章所述，卻是期待全新的開端。所以要複習第七章，就等於往回重看一次，溫習往前看的重要性。

第七章形容好奇心是內在不安定的產物。有些人會把不安定轉換成動機，追求新的機會和挑戰。這是一股強大又有創造力的力量。大腦持續沈浸在新的經驗，就能提升活力和生命力。

另一些人的好奇心則像填不滿的黑洞，跟憂鬱有點類似。心神不定、生活混亂的人容易產生負面的好奇心。我們必須在有益身心的追尋，和持續分心、輕率或幻滅之間取得平衡。

當然，我們的建議是學習駕馭好奇大腦的創造潛能。先接納內心的不安定，接著在

你培養第二人生的好奇心時，一邊將那股不安定導向新的路徑。正如佛洛斯特[2]的詩：

「林中岔開兩條小徑，而我
選擇踏上乏人問津的那條路，
自此風景再不一樣了。」

重點 Key point 觀念

- 好奇心會啟動大腦深處的獎勵機制。
- 好奇心會動用全腦，整合左腦的知識迴路和右腦的搜尋模式迴路。
- 好奇心能讓大腦重新開機，保持明白事理和想知道更多的渴望，讓大腦常保新鮮活力。
- 會每天表達好奇的人通常活得更久、更健康、更充實。

2. Robert Lee Frost，1874-1963，美國詩人，曾四度獲得普立茲獎。

CH. 8

關鍵5：常保彈性

呆滯沈悶的日子會使大腦組織縮水變薄，適應力的彈性明顯流失。

「人們常說最好的機會早就被搶光了。其實，世界每分每秒都在變化，機會層出不窮，你的機會就在那裡。」——肯．哈谷達（Ken Hakuta）

「這一生差不多就這樣了。」這是中老年人常常掛在嘴邊的一句話。很少人認為人生很圓滿，反而覺得不充實，也沒有滿足感。大多人都念念不忘錯失的機會，想著當初如果這樣那樣做的話就好了。

人生過程中，我們一直有機會重新檢視、評估，甚至重新整裝，再次塑造生活的樣貌。我們可以好好想清楚，再決定接下來的人生該怎麼過。

在某個時間點，我們都曾經有機會把生活過得更豐富。幾乎每個人都聽過內心的「聲音」，要我們做出該做的改變，把人生變得更精彩。這個「呼籲」就是審視自己的機會：「我已經發揮最大潛能，在眾人面前拿出最佳表現了嗎？」但是並非所有人都願意投資時間精力，認真思考該如何回應。為什麼回應這份呼籲這麼困難？

- 害怕踏出現在已經適應得不錯的生活，有種哲學思維就是：「已知的魔鬼總比未知的好。」
- 逃避看似可怕的挑戰。就算現在的生活明顯不合適，搞得你精神耗弱、心靈不滿足，但重闢一條人生路徑有可能是更辛苦的任務。
- 做出改變有可能把生活變得更開心充實，但是人老了之後，先天就比較無法改變，除非我們刻意踏出那一步。

心裡怎麼想，身體就照做

老了之後，身體和大腦一定會慢慢失去彈性，這個說法在第二章已經駁斥過了。就算身體動作遲緩，大腦處理某些新資訊的速度變慢，但失去彈性？那可不一定。中老年大腦有時處理資訊還比年輕大腦更有彈性。生活經歷就是在這時派上用場的。大腦將一生累積的經驗整理成一間檔案室，裡頭的多樣性和解決方法結合起來，大腦就有很多選項可以彈性應變。因此，中老年大腦效率其實可以比年輕時更高。神經心理學在針對中老年對象的研究中不斷證實，思緒之所以停滯、不再敏銳，一大部分其實跟態度、做法和經驗有關，而並非是老化的自然結果。

說到這就不能不談「早熟認知界定」（premature cognitive commitments，簡稱PCC's）的影響。大腦的功能是將所學知識轉換成回應模式，以利往後能無意識地自動回應外界。我們對日常周遭的認知反映出自己鮮少意識到的偏見，但這些偏見（早熟認知界定）其實對我們的言行思想有深刻影響。

若不仔細思考或批判評論接觸到的資訊，大腦就會不知不覺吸收接納。廣告就是在利用大腦意識之外容易受影響的特性，所以我們才會突然覺得好像「需要」那項商品，但其實在看廣告之前我們根本連想都沒想過！早熟認知界定就好像我們不知不覺被病毒感染，細胞被病毒抓住，被迫開始複製病毒。早期認知障礙綁架了大腦的信念系統，命令系統服從它的意見，但我們卻渾然不覺。

舉個例子。我們對老化有各式各樣的文化偏見，有些不完全正確，有些更是錯得離譜。這些未經證實的說法影響我們對人生的預期，程度嚴重到為了符合那些謬論，身心功能會自動產生變化！以下舉幾個常見例子。

- 變老就是越來越體弱多病，最後孤獨老死。
- 變老就是成為眾人的負擔。
- 變老就會得老年失智症，忘記這輩子最愛的人們。
- 變老就是漸漸疏離，一無是處。

這些負面的早熟認知界定在意識之外根深柢固，是中老年保持彈性的一大威脅。

當然，健康的偏見和早熟認知界定也有影響力。哈佛大學研究員艾倫・蘭格（Ellen Langer）在七〇年代後期和八〇年代早期的研究就發現這種效應。其中一項實驗把兩組長者送到一間與外界隔絕的修道院待幾個禮拜。他請第一組長者扮演年輕的自己，利用書本、報紙文章、電台節目和黑白電視塑造出一九五九年的氛圍。而第二組長者只要回想年輕歲月，懷舊一番就好，不必改變行為舉止。第一週過後，第一組受試者證明內心態度對生理和認知功能影響甚鉅。

第一組長者明顯「時光倒流」了。他們打破偏見，一些可測量的改變顯示他們「變年輕」了。他們的身體更柔軟，有些人甚至在快滿一週時打起了橄欖球。更驚人的是，他們的記憶力、關節炎手指的彎曲程度、肌肉關節動作的流暢，還有智力功能，全都進步了。就像蘭格醫師說的：「心裡怎麼想，身體就照做。」

面對恐懼時的彈性處理法

蘭格研究的成果問世已三十年，後續還有人複製他的研究。那麼，到底為什麼早熟認知界定與其產生的扭曲觀念仍然繼續危害大腦？答案只有兩個字：恐懼。

恐懼以不同形式操控身心，讓人變得僵化，無法順應情勢做出彈性應變。大腦不經周延思考「嗯，這時候該做什麼才對」，只能按照預先想好的自動固定習慣行動（早熟認知界定還真討厭！）。僵化回應模式基本上就是下意識地做出習慣反應。

人類天生就能做出彈性應變，這樣才能適應環境，繁衍壯大。但是展現彈性需要先主動管理恐懼。人類處理恐懼焦慮的方式各異，可歸結成兩種相反又互補的方式：保護處理和適應處理。

保護處理——僵化的反射動作

人害怕的時候，負責高度思考和推論的大腦前額葉皮質會暫時「離線」。因此，我們只能複製過去的經驗，也就是預設好的回應模式。這麼一來，就不能依據目前情況做出最適當的回應，只能回到保護處理模式。你是否曾經在截止日期逼近時，不埋頭趕工，反而還跑去看電影？這種逃避行為就是典型的保護處理。保護處理缺乏彈性，多半是衝動、放肆，不懂得妥善處理壓力來源的細節。

保護處理跟大腦分泌的多巴胺與血清素多寡有關，血清素太少會啟動保護處理。血清素提升大腦安定和滿足感（所以在抗憂鬱藥物中大量使用）。年紀大了以後，血清素分泌量自然減低。所以年紀越大，大腦越習慣直接採取保護處理，結果反應模式越來越像僵化的反射動作。如果不特別留意，血清素降低之後，大腦經常選擇保護處理，到時候面對生活挑戰，大腦就缺乏彈性應變。

適應處理——細思慢想，更有效率

保護處理並非老化的必然結果。還有一種完全相反的適應處理，在任何年齡都能學習培養。適應處理速度較慢，經過更多思考，彈性更高。必須先掌握當前狀況的所有細節，針對這個特定狀況，想出最有效率的應對策略。

適應處理的回應比較慢，這樣我們才有時間顧到細節，想出量身打造，也許更有效率的回應。為了找到理想回應，大腦必須專心處理問題，而且要長時間專注。適應處理更花時間，但是所得的成果，其適應彈性更佳。

諾貝爾獎得主丹尼爾・康納曼（Daniel Kahneman）在《快思慢想》一書中，對以上這兩種思考處理系統的交互作用有所著墨。慢想（適應處理）的能力取決於集中專注力的多巴胺分子。彈性處理需要大腦有效分配血清素和多巴胺。為老問題想出新辦法很需要保持冷靜專心，因此，平時定期做好幾項簡單的事，可以促進大腦心智健康，持續改善應變彈性。最簡單的做法往往是最好的做法。常見例子如下：

- 學習冥想。
- 保持充足睡眠。

■ 參加有興趣又能挑戰大腦的活動。
■ 參加玩樂性質的活動，時常開懷大笑。
■ 找出哪種情況讓你壓力最大、最討厭，同時制定個人計畫，有效管理壓力反應。

現代生活需要適應處理，否則老了以後，生理、心理和情緒危機會壓得我們喘不過氣。主動採取行動強化大腦心智健康，我們才能以彈性愉悅的心面對人生。

恐懼快走開，擇日君再來

人人都知道恐懼無所不在。兩千三百年前寫成的印度經典《薄伽梵歌》（*Bhagavad Gita*）第二章寫道：「這條道路安全無虞，每一步都走得很值得。即使是些微進展，也能從恐懼重獲自由。」我們必須先放下過去，才能保持彈性，迎接未知的未來。「放下」代表雙手張得夠開，足以打造彈性十足的前瞻計畫，建立活力的後半人生，而非焦慮地不停回頭，看著「美好時光」逐漸遠去。

如《薄伽梵歌》所說：「即使是些微進展，也能從恐懼重獲自由。」小進步就能產生大不同。

二十年前，我的同事比爾想去跳傘，另一個跳傘經驗豐富的朋友史丹陪他一起去。當天，比爾非常亢奮，史丹一直勸比爾冷靜點。輪到比爾跳傘的時候，他站在跳機的平台，死命抓住扶手，對史丹大喊：「我放不了手！」聰明又鎮定的史丹不疾不徐地說：「沒關係，那就不要放手。但你放開食指，用另外四隻手指握住也沒問題吧？」比爾照做了。接著史丹又說：「我敢說你可以只用大拇指、中指和小拇指抓住扶手。」比爾又照做，發現他真的抓得住。於是史丹說：「真想知道你只用大拇指和小拇指會發生什麼事嗎？」比爾乖乖鬆開中指，結果立刻落入機外。自由落體的感覺美妙極了。降落傘開傘的時機剛剛好。回到地面的超現實感頗溫和。

這個有趣的小故事告訴我們彈性學習的道理，就是：一步一步慢慢來。

多練習，能讓新方法變成老技巧

人類天生懂得恐懼，也天生具備彈性。學會在生物基礎的彈性與恐懼造成的僵化之中取得平衡，有助於調整適應後半段人生遇到的挑戰。不同年齡和不同人（甚至同一人！）之間展現的彈性不一有很多原因。

神經線路把累積的生活經驗結合起來，創造出神經可塑性之父——麥可．莫山尼奇醫學博士（Michael Merzenich）所說的「軟線路」（soft-wiring）。換句話說，我們可能天生傾向恐懼或彈性，但是大腦永遠都可以從當下經驗學習修正。

神經可塑性將大腦適應並改變的能力形容成「重新設定」。實際上是怎麼一回事呢？一旦大腦找到並學會新的回應模式，並且發現新的模式真的可以達到目的、滿足需求或解決問題，大腦似乎會釋出大型的神經訊號。等腦波恢復和諧的模式，大腦迴路的底層才開始重新塑造神經。

重新設定的大腦會送出訊號要求送新的蛋白質來合成。基因收到開啟或關閉的指令，連接神經元的突觸受到化學反應的催化，某件事的新做法被編碼成新的神經活動模式，以上就是彈性的核心概念。時間累積加上反覆練習，大腦就能把新方法內化成做事的「老（建立好的）方法」。同時，變老但仍年輕的大腦繼續往外尋求新知。如此一來，終身學習的激進派和滿足現狀的保守派就會持續在腦內拉鋸，拉鋸戰的緊繃局勢再靠身心療法來撫平。

神經生理負責將感官收集、尚未過濾的混亂狀態，盡快轉化成可預測控制的例行公事和習慣。遇到事情不必每次都先分析一番，確實能省下很多時間。更重要的是，大腦不必消耗太多珍貴的代謝能量。對許多物種來說，能量就是生死一瞬間的關鍵。每天起床你不必多想就知道前往公司的最佳途徑，因為最佳途徑已經變成編碼，每天早上一踏出家門，大腦就會自動啟動，「下載」到例行公事。我們透過日常行為預測並控制生活，使生活易於管理。

一成不變讓大腦縮小變薄

然而現實是，生活終究不可預測，能控制的部分也極少。知名心理學家肯・卓克醫學博士（Ken Druck）看似工作生活兩得意，直到一九九六年那天，他的生活墜入無限輪迴的夢魘——他美麗的女兒在國外車禍身亡。他說那場悲劇事故當下「結束了我的生命」。過了一段時間，喪女之痛帶他重新深入審視生活。他訂定一系列「規定」或者說原則，即使無法掌控生活大小事，也能活得更充實的規定（譬如他學到崩潰可以引發突破）。這些原則都寫在他的著作《人生的真實準則》（*The Real Rules of Life*）。原則的主軸是培養回答「生活是什麼」的能力，接著才能創造想要的生活樣貌。這就是彈性的真諦。

追尋彈性必須先容忍不確定性和模稜兩可。為了解決問題，我們必須不斷嘗試新方法，就算每次都不知道會不會成功，但彈性就藏在重複試驗的過程，而不斷嘗試生活模式的實驗則是好奇心的核心。追尋模式通常會帶來焦慮，甚至內心動盪。二十世紀初期卓越的俄國心理學家利維・維果斯基（Lev Vygotsky）提出一個新想法，他認為兒童發展的途徑是一條溫和又固定的筆直康莊大道，其中牽涉到進化和變革。

他也有討論到後半人生保持行事彈性並不容易。面對全新陌生的事物，必須改變已知和預期的心態，才能調整自己適應改變。很多人為生活安排許多熟悉安全的日常活動，不讓焦慮（恐懼的一種形式）有入侵的機會，藉此盡量避開改變。太依賴熟悉的生活，下場就是呆滯沈悶的日子。呆滯跟大腦組織測量到縮水變薄有關，造成適應力彈性明顯流失。事實上，害怕之下產生的念頭往往會深入生理，最後應驗成真。

大腦有旺盛的求知慾

五十歲出頭的娜塔莉遇上人生危機，這場危機正是新奇與熟悉的可怕衝突，還有神經重塑能力的最佳寫照。娜塔莉靠著美貌緊緊抓住丈夫的心，直到她剛過五十歲，發現丈夫開始常常在外偷腥，她便變得異常焦慮。她充滿恐懼的內心認為自己一旦離開婚姻絕對活不下去。這個揮之不去的念頭開始傷害她的生理：她看起來面容枯槁，一頭亂髮，全身酸痛，腸胃心臟都出問題。連思緒都很沒條理！恐懼造成的呆滯逼她停留在舊有模式。

透過專注的身心療法，適應力終於戰勝恐懼，把娜塔莉從停滯不前的念頭解救出來，同時焦慮和其他生理症狀也慢慢退去。那些症狀都是適應彈性不足的徵兆。

接納不確定性，才能探索未知的世界。如果我們去嘗試新的點子或活動，到最後都會有一種終於完成、或甚至駕輕就熟的感覺。但是在這個時刻到來之前，中間必須不斷努力、受挫，甚至不耐、發怒。追求彈性得到的獎勵，就像彈鋼琴彈到手指可以「自動」敲出美麗的樂章；或是不必熬夜苦思，腦袋立刻就浮現一份完美的新客戶銷售計畫。這些經驗都是先苦練一陣子，之後才越來越信手拈來，不那麼累人，甚至還有獎勵鼓舞自己的效果。

大腦的求知慾一輩子都不曾停歇。大腦厭倦一成不變的公事，只想要學習新事物，挑戰自我成長。大腦對新奇經驗的渴望形成一股拉力，拉著我們追求未知陌生、非舒適圈的事物。這股拉力甚至可以顯示在腦電波圖的讀數上。接觸到新事物時，腦波一開始會呈現混亂狀態，消耗更多能量，血液流向大腦負責產生新反應的區域，糖分新陳代謝加快，為正在「絞盡腦汁」思考新問題解答，或是創造老問題解答的大腦區域提供養分。而大腦正在努力分析可辨認的模式，準備把它重組成可重複的習慣。

你是哪一種八哥？

增加彈性的過程並不簡單。有些步數簡直出乎意料。爵士樂最為人津津樂道的特質就是即興創新。爵士歌曲沒有固定的樂譜，樂手只是重複回到最基本的音樂主題元素，再加入變奏過的旋律。爵士樂的魅力就在於主旋律和即興創作的段落碰撞，迸出創意火花。鋼琴家戴夫．布魯貝克（Dave Brubeck）曾說：「有一種彈法很安全，有一種彈法運用很多技巧，還有一種彈法是我的最愛，它有風險，你必須要冒個險，才能創造出全新的東西。」

布魯貝克抓到一個跟增加思想行為彈性有關的重點。風險是創造過程的必備元素。按邏輯來說，越有創意的人，心思一定越有彈性。否則他們怎麼想出那些令人費解的創意？沒想到，研究結果正好相反：創意革新和應變彈性成反比。創意必需忽略干擾，勤奮不懈地持續從事創意工作，否則常常做不出最終成品。

換句話說，創造力旺盛的時候，大腦就必須長時間將注意力注定在同一件事。第二章討論過，這是學習集中注意力技巧最大的益處。學會專注在一件事情上，譬如你的呼吸，就能學會在對更多事情有創意發想。彈性大腦就像節拍器，調好節奏，在新意與熟悉、模糊與確定之間來回擺盪。

澳洲紐卡斯爾大學的安卓雅．格理芬（Andrea Griffin）從事八哥研究。她發現有幾隻八哥創新能力高，但彈性較低，要花比較多時間才能適應環境，而且非常謹慎。其他八哥彈性較高，慢慢探索環境，很注意細節。某些八哥只看到「樹」，某些八哥則看到「林」。安卓雅的結論是，每一隻八哥的能力都有最適合生存的環境和條件。大部分鳥類兩種能力都具備，但是光看單一個體，鳥和人一樣，總會落在光譜的某一端，有些思考比較敏捷、沒有彈性、顧全大局，有些思考比較緩慢、適應力強、更注意細節。

革新表示打破成規，通常會挑戰現有傳統，就像創意是「走沒人走過的路」。進到新環境時，革新和創意是非常重要的能力。老祖先每次遷移到新的氣候帶，總要面對這種挑戰才能存活下來。他們要偵察新的環境，觀察特色，找出資源和危險。還得觀察一陣子，才知道舊有方式適不適合新環境。部落一旦在新環境定居，就需要一套截然不同的生存技巧。這時需要的不是適應彈性，而是快速將先前耐心慢慢得到的觀察應用到生活裡，細節反而不那麼要緊。快速應用大原則和日常公事成了最重要的能力，具備能力的人通常適應得最好。

你是哪一種八哥？你容易被閃閃發亮的新玩意兒吸引嗎？還是你喜歡一切照舊的舒適感？知道自己落在光譜的哪一端，你就能掌握重要線索，知道改善彈性要從哪裡下手。

追求新奇經驗的人，關鍵是學會忍受並接受例行公事和一再重複的事情。這種人必須培養「深度」，把專注力停留在同一件事，繼續往下挖掘更多。另一方面，喜歡固定不變的人，關鍵是拓展生命「寬度」，擴展經驗範圍，就算你不喜歡新的經驗（就像現在你不喜歡拓展寬度的點子）也要繼續拓展。青菜蘿蔔，各有所好。但是要改善應變彈性，就要跨出舒適圈，多嚐嚐不同的「青菜」。

你們自己先聊一會兒——

美國綜藝節目《週六夜現場》（*Saturday Night Live*）以前有一段固定表演，內容是一群人閒話家常。主角最後總是會講到太激動，只好跟其他人說：「你們自己先聊一會兒」，她則在一旁平復心情。

說到適應、彈性和樂觀進取，「自己聊一下」是很重要的能力。所謂「你們自己」其實就是大腦不同的面向，學會讓不同的自我互相對話，是懂得彈性應變的關鍵步驟。

怎麼跟內心的自我對話？從哪裡開始？查爾斯·杜希格（Charles Duhigg）在《為什麼我們這樣生活，那樣工作？》說，我們的習慣控制著日常生活，但我們幾乎控制不了哪些事情會養成習慣。下定決心要戒除舊習卻戒不了，只會徒增無力感。有些人的「罩門」倒是很好預測。譬如開車回家的路上已經想好一回家就要換上運動服去健身房，結果途中看到誘人的速食店，剛剛的決定就一下被推翻了。

杜希格也說，我們控制不了習慣會帶來哪些獎勵。有些獎勵是化學反應，酒精、一塊巧克力或一口煙；另一些獎勵比較細微，但是影響力不小（例如稱讚別人、避開爭執、獲得肯定或掩飾軟弱的一面）。平時採取的一連串行動（也就是日常活動）轉變成信念／習慣，讓我們以為自己無力扭轉生活。如果我們效仿爵士樂手的演奏，同一首歌每次彈法都不一樣，循序漸進，日常行事就能增加延年益壽的彈性，最後所有模式、日常活動和經驗都能全部翻新，人生過得更豐富充實。

培養應變彈性的四大步驟

第一步：照顧身體就是幫大腦「按摩」

不得不說，我們對身體的在意程度簡直到了「痴狂」的地步。我們運動，嘗試奇異又無法持久的飲食法，動手術和整型，吃成堆的藥治療或排毒，不是忙著除毛就是忙著植髮，曬黑美白，染髮，還有刺青。但很多人也覺得自己的身體很丟臉，無論外觀或行為，都是不合格的表現。最搶眼的表現就是身體老化。

幾百年來，人們常說從身體可以看出一個人的生命歷程。很多人的歷程就是一段抵抗時間推進的故事。人們常希望能時光倒流。我們或許已經放棄改變未來，也放棄發明時光機，於是這股挫敗感深深刻入身體之中。

許多古老智慧發現，改變人生觀最基本的途徑不是從大腦開始，而是全心全力保養身體（請見第四章）。保養的目標並非打造百分百完美肉體，而是學會顧及身體對營養、刺激、歡愉、休息放鬆、活動、成長和愛的需求。例如瑜珈就是一趟一輩子的旅途，探索什麼是人生最重要的事物。身體負責心智、情緒和心靈最主要的需求。儘管瑜珈是很美妙的活動，但仍不足以增進應變彈性。試試晚上吃飽散個步，每個月按摩一次，參加當地救國團的長青族健身計畫，加入賞鳥社團，上游泳課，在保養得宜的單車道騎車。這份清單可以列到天荒地老。重點是，全心全意參與活動，並且注意活動期間身體的感受。

第二步：心想就能事成

思考的時候意識到自己在想什麼，這種能力就叫「後設認知」（又稱「思想覺察」）。

後設認知的好伙伴是自我調整行為，也就是把情緒和行為調整成最適合當下情境的樣子。兩者加起來掌握了每日生活增添彈性的關鍵。工作環境改變、年邁父母體衰死亡、成年子女的生活重心脫離家庭等可能會使你感到焦慮。一遇到這些生活中的正常變化，你就變得脆弱，覺得自己無足輕重。

學會簡單的身心技巧，積極觀測自己的思想，是很重要的一步。隨時收聽大腦的動靜（同時逐漸植入更多平衡、自我同理的想法）是一種簡便有力的現成技能。監控或觀察思想，跟辯駁自己的思想是兩回事。諷刺的是，直接挑戰或否定擔憂的心情只會加深這份憂慮。

練習思想覺察可以讓你從客觀超脫的位置觀察自我思想。練習多了，以前不經意吸收的早熟認知界定就能慢慢減少消除。將舊有的早受認知界定替換成更能發揮第二人生潛能的彈性啟蒙思想，就能開啟大腦的重要調節器「前額葉皮質」，有效舒緩大腦製造恐懼的區域，讓負責創意革新的區域有機會活絡起來。以前腦袋若浮現某個行動計畫，大部分人很快就會想到一堆負面念頭，趕快打消計畫，但這次你的行動計畫很有可能會勝出。再說，思想覺察的練習可以將行為引導調整成最符合自身價值和想法的狀態。

思想覺察的練習還有一個比較不明顯的好處，那就是把大腦重新設定。大腦是一種機會均等的消費者。如果我們給予羞恥、自我設限、製造恐懼的訊息，大腦會接收。如果給予更多身心情緒活力的正面訊息，大腦就會反過來接收正向內容。大腦是已知世界裡最複雜的自我組織系統。如果你對晚年人生的生活方式有很好的規劃，大腦的複雜性就是最有力的幫手。

有一個縮寫可以解釋後設認知或思想覺察練習如何導向自我調整行為，兩者又如何增進應變彈性。心理學教授亞倫．馬列特（Alan Marlatt）自創縮寫SOBER。這個字平常是形容戒酒或毒品戒斷，也可表示心境平和，超脫縱慾和狂念，形容自我控制得宜的人。SOBER覺察練習的五步驟如下：

- **Stop（停止）**：利用正念覺察暫時打住行動的念頭，先暫停一下。
- **Observe（觀察）**：不帶批判地觀察當下的想法和心情。
- **Breathe（呼吸）**：做幾個緩慢深長的舒緩呼吸（呼叫前額葉皮質上線）。
- **Expand Perspective（綜觀全局）**：啟動前額葉皮質，從全局角度看現下狀況。
- **Respond Wisely（聰明應對）**：多加練習應對彈性，選擇最符合最佳自我的回應。

第三步：「停、看、聽」培養同理心

練習正念覺察見證自己的想法和感受，是增進應對彈性的關鍵。覺察的時候，我們處於足以影響那些想法和感受的中樞位置，還能目睹這次覺察對下次的想法感受有何影響。覺察練習只是「雙重動態」的一半，另一半是所謂的心智理論（Theory of Mind，簡稱ToM），也就是同理心的基礎（第十章再詳述）。同理心是人際膠水，連結彼此的情緒。大腦的心智理論迴路是同理心萌芽的種子，當我們發揮同理心與他人的情感相連，內心就會有一股安全感。安全感越強烈，我們就越敢在必須的時刻冒必須的風險，藉此培養應變彈性。

每個人都有最低限度的同理心，所以才能找到伴侶、養育孩子、與同事相處，並成功經營其他社交人際關係。到了人生後半，我們需要豐富的同理心才能跟年紀漸長的同輩、兒女子孫和整個社會彈性互動。唯有發揮良好的同理技巧，我們才能一邊貢獻積累的智慧，一邊繼續從他人和快速變遷的世界學習。

同理技巧和其他討論過的技巧一樣，都是經由「軟線路」大腦培養而來。因此，我們也有準備溫和重複的小練習，幫你增加同理心。說來奇怪，增加同理心反而要先觀察自己的感受。研究顯示瞭解他人感受的唯一辦法，是先瞭解自己和他人互動時產生的感受。換句話說，先「解讀」自己的感覺，才能推敲他人的感覺。

培養同理技巧有三步驟，簡稱為「停、看、聽」。證據顯示，人老了以後，從他人角度出發的能力和其他應變彈性都會減弱。不過，潘・格林伍德博士（Pam Greenwood）和其他人皆指出，應變彈性變差並非老化的自然現象，而是沒有持續運用這些能力的後果，俗話說：「久沒用就生鏽。」那麼，要怎麼運用「停、看、聽」的技巧呢？

維持良好同理技巧必須懂得在衝動之前踩煞車。舉例來說，如果心裡產生非常強烈的情緒反應，反應的力道會把你沖昏頭，降低應變彈性。如果這時不趕緊踩煞車，情緒就會引發缺乏彈性的反應。

- **停**：一股衝動湧上心頭時，先停住反應循環，讓心靈進入暫停時間。利用這段小空檔看一看內心。
- **看**：是什麼引起反應？你聯想到什麼？能不能先平穩情緒，回到覺察狀態？止住紛亂的心情，回到自在的心境，你就能將同理心專注在對方身上，傾聽他們的意見。
- **聽**：他們的行為動機是什麼？能不能先理解他們的出發點，讓你的「最佳自我」

做出最好的反應？這三步驟從暫停、自省到傾聽他人，讓大腦更習慣自動發揮同理技巧，增加回應彈性，與他人建立更深層的溝通。

第四步：改寫未來

懸疑小說的迷人之處在於，我們無法預測故事情節如何發展。厲害的懸疑小說家為故事安排層層轉折，教讀者永遠猜不透。早熟認知界定其中一個危險，就是害我們以為故事結尾已經成定局了。既然後半人生的劇本發展都已經寫好了，誰還有動力試圖影響未來？

想像今天到機場搭預定的班機。你走到位置上，把包包放進頭上的行李櫃，繫好安全帶，等待空服人員開始例行解說。只不過這一次，空服人員不再是自言自語。他說：「歡迎登機。」接著又問：「今天想要飛去哪裡呢？」你的答案會是什麼？你有預期對方會問問題嗎？再說，既然過程比結果重要，如果問題改成：「你人生的內在與外在旅途想走哪一條路呢？」

有人說人類只活在自己的故事裡：一個專屬的旁白，把各種經驗、記憶和夢想述說成一段完整連貫的故事。但是我們常常忘記，這段故事不是一份硬塞給我們的定稿，而是我們花一輩子寫成的。要記得我們是這段故事的作者、製作人、導演和主人翁並不容易，尤其大腦已經強迫堆滿四十、五十、六十年以上的經歷，我們很容易忘記其實劇情隨時都來得及安排一場峰迴大路轉。

以下幾個問題能幫你成為更積極的作家，主動寫出接下來的情節，也就是你的後半人生。一、在筆記本寫下你最想從人生得到什麼。二、思考你對這項目標有多投入。三、問自己達成目標有多困難。四、問自己有多想要達成目標，達成之後對哪方面有益。掌握自己追尋的目標之後，再思考下列問題：

■ 為了達成目標，你現在採取了哪些行動？

■ 坦白說，現在的行動有效果嗎？有讓你更接近目標嗎？

■ 你的目標和行動對你有哪些正面影響？對周遭人事物又有哪些正面影響？

■ 想像你未來繼續走在這條認可的道路上採取行動，那模樣給你什麼感覺？

■ 五年後，最瞭解你的人要寫一段話描述你當下的模樣，你每天做了哪些事、你的行為舉止、你對社會的付出影響，對方會寫些什麼？

改寫「未來的記載」能幫你增加應對彈性。你準備好了嗎？

重點 Key point 觀念

- 中老年人增進身心彈性似乎有違大自然的旨意，但其實增進彈性是要戰勝恐懼，而非挑戰天意。
- 更有彈性的接納變化，可以發揮重要作用，使人生更開心、更值得、更充實。
- 「思考我們的思考模式」或者說「後設認知」，是中老年大腦提升彈性的重要能力。
- 培養「反應彈性」必須學會一系列技巧，即增加抗壓性，同時消除恐懼。

CH. 9

關鍵 6：常保樂觀

樂觀就是：預期好事發生，再努力讓好事成真！

「美國憲法不保證幸福，只保證你有追求幸福的權力。幸福必須靠自己迎頭趕上。」

——富蘭克林

樂觀，讓未來更美好——

一般人面對未來需要多大的勇氣？生命不是永恆，死亡終會降臨。看著朋友家人一個個離開。活到越老，這種事越司空見慣。年紀較大的人表示，他們感覺時間似乎越過越快。身體會直接感受到時間逝去的影響。以前三兩下解決的活動，現在要花更長的時間組織、啟動和完成。這是躲避不了的事實，一定會發生，而且沒有轉圜的餘地。

但是，面對身體變化，我們可以有不同的反應。如同富蘭克林所言，我們必須「迎頭趕上」幸福。第九章會告訴你，維持穩定的樂觀是追求心靈幸福的關鍵要素，尤其在時間有限的人生中遇到困難，更需要樂觀以對。

樂觀的本質是抱著勇氣、快樂和驚奇的心面對後半人生的現實面。樂觀需要強大的信心作後盾。樂觀是看見未來的可能性，再用行動實現想像的未來。大多時候，樂觀需要勇氣和膽量跨越現實的阻礙。劇作家蕭伯納說到重點：「有些人看著眼前的樣貌，問：『為什麼？』；有些人夢想可能的景象，然後問：『為什麼不？』。」有些人鄙視這樣的想法，覺得一切是自作多情。然而樂觀可不是單純浪漫的夢想家。

神經科學研究員發現，樂觀能把障礙和挫折化成動力，或甚至直接無視障礙挫折，努力實現更美好的未來。當生命遇到窒礙難行的關卡，樂觀會堅持走下去！成長、探索和進步形塑了現代世界的樣貌。而樂觀就是在背後推動的引擎。

簡單來說，樂觀跟信念、信任與希望相互牽連，幻想和瘋狂也參與其中。這就是為什麼第九章要探討的是穩定的樂觀。

堅持信念，希望不滅——

若沒有希望帶領人類克服艱困挑戰，我們恐怕一事無成。回溯到第一世紀，羅馬哲學家老普里尼（Pliny the Elder）曾說：「希望是撐起世界的砥柱。」理學博士安東尼・瑞丁（Anthony Reading）也說，希望是「預期的心理」，永遠導向未來。相信自己有能力實現願望，就叫信念。信念的定義是，儘管缺乏實質證據，我們仍堅持某些點子、想法或可能性。我們滿懷希望，相信這股信念能帶來比現況更理想的未來，最後我們就會自願起身而行。把上述總歸成一句話，就是「樂觀的心靈基礎」。

第二章說過，大腦能帶我們做時光旅行。人類是唯一能超脫當下，神遊到無盡想像未來的生物。也只有人類會為了想像的未來卯足全力做事。樂觀用慾望不斷搔我們的癢。大腦的快樂中心為高階的大腦中心提供熱情的電子和化學物質，敦促我們實現希望和夢想。畢竟光有夢想沒有後續動作，只會淪為逃避現實的空想。

樂觀把我們變成走鋼索的人。鋼索的一端是絕望，要是不夠樂觀，我們就會喪失希望，放棄走到快樂的那一端，馬丁・塞利格曼博士（Martin Seligman）稱這種現象為「習得性無助」（learned helplessness）。現實經歷不斷告訴我們，無論多努力都沒辦法擺脫惡劣的現況，久而久之我們便信以為真。無助的時候，即使眼前明擺著脫離困境的選擇，我們仍以為一輩子都無法擺脫困境。這種負面的認知建造了一座自己把自己困住的心靈牢籠。

鋼索的另一端是極度樂觀的世界。太過樂觀會跟現實脫節，分不清可為與不可為的界線，反而把希望變成不切實際的幻想。這裡說的「幻想」不限於個人精神疾病的幻覺，任何不顧事實的人都有可能產生幻想。在絕望與過度樂觀之間拿捏得宜，就能把遙不可及的渴望和現實世界的實際面相互調和。

樂極真的會生悲嗎？

來聽一段科學家研究樂觀的故事吧。

有一天，一群科學家找來一個樂觀男孩，不管遇到什麼事情，男孩永遠都很樂觀。科學家非常驚愕，一個人的樂觀竟然沒有極限，於是其中一位科學家想出了一個計畫。

他在密閉的房間裡堆滿馬糞，接著把男孩送進房裡。過一會兒，科學家打開唯一的房門，心想待在這麼髒亂的環境，男孩一定頗受打擊吧。沒想到，房門一開，男孩竟然消失了。科學家嚇了一跳，這扇門明明是唯一的出口呀，於是他大聲呼喚男孩，結果房裡傳來一陣微弱的聲音：「我在這裡！」原來，男孩在馬糞堆裡挖出一條深深的隧道。科學家問他為什麼要挖隧道，男孩高興地答道：「地上這麼多馬大便，房間肯定藏著一隻小馬！」

這故事通常都能逗人一笑，但重點是故事提到了第九章的主題。眼睛的顏色是一種永恆不變、根深蒂固的特質，樂觀卻不是。樂觀其實是一項技能，雖然某些人天生就有好底子，但幾乎每個人都能靠練習加強樂觀技能。我們說過，樂觀是有益的特質。瞭解樂觀如何改善生活，你才有動力尋求增進樂觀的方法，獲得快樂和其他神秘的好處。

來一匙樂觀，挫折更好入口——

樂觀是一種大腦處理策略，其進化核心價值是幫助老祖宗在情況不利的時候力求生存。樂觀不是唯一的生存策略，也不一定是最佳策略，但對人類絕對有好處。

有句話說：「待久了就是你的。」意思是有時候獎勵不會立即到手，這時候樂觀會教我們保持耐心，繼續想想怎麼做才能獲得獎勵。美國前總統林肯看法稍微不同：「待久了就是你的，但是手腳不夠快就搶不贏別人。」這兩句話看似重點互異，前者談耐心，後者談手腳要快，不過兩者都強調「堅持」的重要。兩句話都在說：「撐住啊。」不管是被動耐心地等待，還是主動爭取，都是一種堅持。

研究顯示，高濃度的多巴胺可以幫助大腦專注在預期的獎勵。多巴胺是專注分子（請見第二、三章）。高濃度多巴胺的人不只比較樂觀，能持續專注追求獎勵，同時對獎勵帶來的快樂也會投以更高的期待。在這個成功、甚至存活機率偏低的世界，以下能力有助於培養樂觀：

- 想像未來目標。
- 成功機率多低都不在乎。
- 耐心十足或努力積極，堅持下去。
- 高估達成目標的快樂程度。

這些特質提高老祖宗存活的機率，幫我們重新振作，拍拍身上的灰塵，繼續挑戰眼前的困難。人生不如意十有八九，有了樂觀，我們才不會輕言放棄，還能從失敗的經驗汲取正面有用的教訓。

快樂練習法

作家老愛強調人天生有負向偏誤，所以我們會恐懼、害怕冒險又悲觀。但還是有很多證據顯示，正向偏誤能抵銷負向偏誤的傾向。大腦分成左右半腦，兩邊都具備穩定樂觀的獨特成分。

左右腦的特有取向若保持平衡，我們就能表現最佳的一面。右腦喜歡從大格局角度看事情，專注在當下經歷，情緒偏向鎮靜、悲觀，減少危險魯莽的冒險。左腦則相反，情緒正面又樂觀，喜歡回顧從前。左大腦活力不足，右大腦活力過剩的時候，人會變得鬱鬱寡歡。平衡的大腦能避免憂鬱症。樂觀和悲觀是生理與情緒光譜的兩端，反映出左右腦活動的程度。

年紀大了以後，生活的不如意越積越多，可能會讓人精疲力盡、感到挫敗、憤恨不平，甚至放棄希望。老年人的憂鬱症機率偏高更加深這份擔憂。不過老化研究發現一絲不容小覷的曙光：加強樂觀跟健康老化有關。

我們可以從任一經驗學習許多教訓。年紀大又高度樂觀的人比較會忽略經驗裡負面的部分。他們常把事情往好的方面想，縱使有點扭曲事實也無所謂。他們的樂觀展現輕微但健康的幻想，幫助降低負面感受，加強經驗的積極面向。

各個年齡層的高度樂觀都跟一連串健康益處有關。二〇一三年，有份研究調查一百四十二個國家超過十五萬名受試者，發現樂觀的人：

- 心臟更健壯。
- 壞膽固醇較低。
- 更能妥善處理生活的壓力因子。
- 免疫系統良好。
- 中風機率低。
- 更有效調整情緒。

而且更長壽！

這類研究發現一個有趣的現象，樂觀的老人並非無來由地凡事盡往好處想，他們負責評估社交環境情緒的大腦區域（前扣帶迴皮質和杏仁核）擁有更厚、更密集的神經元。前面章節一再強調，大腦是可以訓練的。多做樂觀練習可以改變大腦，帶來重要的健康益處，讓人到老都能享受快樂充實的生活。

樂觀最護腦

如果前半人生過得一帆風順，你大概以為後半人生也會繼續維持勝利組的地位。話是這麼說沒錯，但是你的快樂是立基在最脆弱膚淺的基礎上。含著金湯匙出生不表示就能維持長期樂觀。從小享有特權的人往往忽略樂觀最重要的面向。

樂觀必須經得住辛苦磨難。如果樂觀像一顆脆弱的氣球，一旦遇到生命的逆境一戳就破，那有什麼用？一次又一次通過生活的實際考驗，人才能憑著樂觀吃苦耐勞，不被困境擊倒。人生相對的黑暗時刻能孕育出深植心底的樂觀，往後不管遇到怎樣的挑戰都能堅持下去。好好運用，樂觀就像鐵氟龍外層，能隔絕老年生活遇到的挫折沮喪。

樂觀深植入心，不過平常可從行為或心理狀態看出來。心智能操控大腦活動，培養回復力強的樂觀。心智是連結可能與實際的橋樑。當心智樂觀的時候：

- 大腦不會將負面經歷變成深刻的回憶，所以第一次遇到挫折的時候，樂觀的人更能堅持下去。
- 大腦的後頂葉皮質更常跟額葉皮質和動機中心交流，懷抱活力和決心訂定長遠的行動計畫。
- 大腦能判定哪件事最有可能達成目標，選擇給予注意力，排除掉其他分心事物。
- 大腦認為生活大小事並非全數隨機，更多是取決於採取的行動。這麼一想，你就比較不容易向恐懼屈服。
- 你覺得自己的效率很高，也就是說，你相信自己具備達成目的的必須的條件。
- 大腦的正面自尊較高，能減少憂鬱症的風險，具備長期幸福與滿足的關鍵要素。
- 神經可塑性的力量能重新設定大腦的神經迴路，把樂觀變成預設價值觀，隨時自動進入樂觀模式。

樂觀不表示生命不再有恐懼、痛苦、失去或磨難。樂觀是高度錘鍊的現實主義。樂觀從生活的實際細節與挑戰而生，但是這些細節挑戰並不會形塑或限制我們的為人。樂觀是接受痛苦本來就是人生不可避免的一部份，並且瞭解只要堅持有決心，人還是能得到滿足、快樂與幸福。

腦內的三種心靈濾鏡

不管你落在樂觀悲觀光譜的哪一端，你都有三種濾鏡能過濾本身和世界的資訊，並且幫忙培養有回復力又穩定的樂觀。

三種心靈濾鏡源自大腦內部。說得更準確一點，是左右腦的前額葉腦迴，至於哪個半腦的前額葉腦迴比較活躍，就要看這個人對環境是樂觀還是悲觀。左前額葉腦迴特別擅長製造並維持正向情緒。左前額葉腦迴活躍的人比較開朗正向。右前額葉腦迴擅長注意變化並調整情緒，尤其是焦慮和恐懼。右前額葉腦迴發現環境產生變化，可能帶來威脅的時候，也會發出悲觀的警訊。

不同個性的人有各自平衡左右前額葉腦迴的方式。這個平衡狀態只是起點，並非固定不變，也不會決定樂觀成長和改變的潛能。從目前的平衡狀態出發，多練習下列方法，增進樂觀心態。

濾鏡一：選擇性專注力

第一個建立樂觀的濾鏡是具選擇能力的專注力。我們一次只能專注一件事。如果不選擇要專注在哪，我們就會被習慣牽著走，包括「只剩半杯水」的悲觀思考習慣。你比較在乎事情的哪一面？你預設的挑選濾鏡是哪一種？

學會使用挑選濾鏡能幫助我們看見平常忽略的內外經驗面向。好比說，大腦每天進行巨量的身體活動，這些活動從來沒有進到意識層面，譬如心律和血壓的微調。經過練習之後，我們就能注意到平常無意識進行的大腦活動。這就是選擇性專注力的世界。

注意、感覺、思考和反應模式是一個人個性的基底。個性說穿了就是生活中不斷重複的模式，從最基本的生理狀態到最抽象高階的思考，凸顯我們的特質。我們可以運用挑選濾鏡製造新的注意模式，取代恐懼或其他不幸福的舊模式。如果沒有意識到某個模式不斷重複，不加以檢驗修正，模式就會累積成習慣。換句話說，濾網給予我們主動選擇權，決定怎麼看待自己和人際社會。

怎麼學會主動選擇直觀世界，培養樂觀心態？想像你是婚禮攝影師，在新人跟親戚好友寒暄的場合，如果你只把鏡頭對準新郎的父母（有點怪，但還是有可能），新人與其他人的重要互動就成了漏網鏡頭。如果你老是沒拍到新人的照片，婚禮攝影師這條路可能走不長遠。厲害的攝影師應該要在新人、朋友、家人、結婚蛋糕、餐桌擺飾和舞台之間流暢轉換，捕捉整場婚禮的獨特氛圍。攝影師主動且有意識地挑選最適合呈現當下的照片主角。經驗越豐富的攝影師，越不必費心捕捉精彩畫面，因為持續累積的經驗模式已經自然內化成習慣。攝影師的生意可能也會因此蒸蒸日上。

你的注意力決定你看到的世界，有人看到「還有半杯水」，有人看到「只剩半杯水」。舉例來說，神經心理學的研究清楚指出憂鬱症患者看照片的時候，目光都集中在散發悲傷、危險或其他「負面」的元素。非憂鬱症患者則集中在快樂、滿足或其他「正面」的情緒。

主動用心選擇注意力要放哪，才能加強樂觀心態。觀察內在和外在環境有哪些特色會吸引你的注意力，想想這些特色能不能幫你深化與他人的交流，還是反而讓你疏離人群？與他人產生深刻連結的環境更能培養樂觀。

濾鏡二：具有控制本領的控制點

第二種培養樂觀的濾鏡是控制的心靈本領，又稱「控制點」。擁有內在控制點的人認為他們處於最高地位，能影響每天日常發生的事，他們的行為和決定是事情發生的主因。因此，這種人更願意積極處理擔憂的事或努力達成目標。他們完全相信自己的一舉一動都很關鍵。

光譜另一端是擁有外在控制點的人。他們認為世界受外在力量影響。老闆的決定比自己的行為更重要。天氣糟的話一整天心情也很糟。任何保健保養行為都敵不過基因的力量。他們覺得未來的健康狀況受很多因素影響，但是大部分因素都無法改變或控制。因此，這種人不常主動做日常決策。為什麼？因為他們的濾鏡說不管他們決定怎麼做，對事情發展都沒多大用處。因此，最好別花太多時間精力「水底撈月」。

其實控制點確實能發揮用處。內在控制點越堅定的人，就越敢為了改變人生嘗試計算過後的風險。不只你的行動很重要，你本身就有影響的力量。一個人就能改變世界。抱持這個心態的人可能會更願意參加實質改變他人生活的行動。

有一位醫師朋友一年會跑幾次海地，在那座貧困島國的流動醫院看診。他替海地人醫治各種小病痛，如果在美國急診室，那些小病痛只會簡單用例行療程帶過。他去海地行醫的那幾年，海地整體狀況沒什麼改善。生活條件落後得驚人，民眾「無緣無故死掉」，死因大概是他們生在海地，而不是夏威夷。儘管如此，他還是每隔幾個月就跑一趟，盡他所能，對那些他不認識、可能也不會再見面的人做出一點改變，就因為他知道他做得到，而且他的選擇能造就改變。這就是內在控制點採取行動的樣子。

你的控制點在哪裡？你的所作所為重要嗎？今天你做的一件事能為另一個人的生活帶來正面影響嗎？這種行動導向能變成你的日常行事嗎？

濾鏡三：分析因果關係

重大事件發生的時候，大腦會自動分析背後原因。解釋事情成因的能力是大腦跟心智運作的基礎。我們一定要知道發生了什麼事。年紀變大之後，保持控制和影響的感覺是老年生活樂觀的關鍵。看待生活大小事的心態會決定你怎麼替事情歸結原因。歸因風格取決於三個方面。

- **內在／外在原因：**剛剛討論過了，控制點決定我們認為成因是自我行為還是外力因素。好比說「我決定要每天走路當運動，所以別人都得流感，只有我沒中標」就是認定事件成因來自內在。
- **穩定／不穩定原因：**決定我們認定成因是一次性事件還是永久影響。如果有人說：「我這一生總是能夠戰勝機遇，所以我知道自己一定不會得癡呆症。」就表示他是內在歸因（我知道自己一定），並且將內在控制歸因於穩定的個人特質（我總是能夠）。
- **全面／局部原因：**指的是冰上滑一跤是因為「我昨天走路沒看路」（局部：單一特定的原因，不太可能持續）；還是「我超級笨手笨腳，如果我能毫髮無傷地度過一天，那天一定是奇蹟連發」（全面：永恆無法擺脫的成因）。

把事情歸咎給局部原因表示那件事只會留在那個時空。如果是件壞事，局部歸因就很有幫助，你會說：「這次的獨特原因不太可能會再發生，所以下次我就能做得更好了。」反過來說，歸咎給全面原因，尤其是「穩定的個人因素」，可能會永遠阻礙樂觀心態。憂鬱症和對未來悲觀的人就是如此。他們相信每次壞事發生一定某種程度是自己造成的，而且未來也沒什麼機會改變（也就是穩定的個人因素）。

歸因風格能幫我們更瞭解老年人的重大危機——憂鬱症。研究顯示，憂鬱症患者經常表現三種P傾向。他們覺得壞事「無所不在」（Pervasive）。如果這裡發生過壞事，所有地方都有可能再度發生。還有，壞事「恆久存在」（Permanence）。如果現在發生了壞事，這件壞事有可能會一直持續下去。最後，壞事一定跟「自己」（Personal）做的事有關（都是我的錯！）。

以上就是惡名昭彰的三種P傾向。不管有沒有憂鬱症，只要輕微的程度，你就能感受到威力。三種加在一起，保證讓你感覺自己對人生不再有掌控權，所有強化樂觀的努力全都化成烏有。

抗憂鬱的八種快樂妙方

舉世聞名的邁克．亞普科博士（M. Yapko）是治療憂鬱症和培養穩定樂觀的專家。以下是他的前八大歸因方式，能高度抗憂鬱，加強健康樂觀。你常做哪幾種？

＊意識到自己內在的感官、想法和感覺，同時與他人的想法和感覺產生連結，在兩者之間取得平衡。

＊注意負面化小、正面放大的傾向（可能會自我欺騙，帶來風險）。

＊注意正面化小、負面放大的傾向（對未來絕望、覺得徒勞無功）。

＊檢查自己跟他人相處時，是否把對方看得更有份量，若有則需糾正。

＊檢查是否傾向完美主義：一直追求完美，未來只能不停害怕失敗。

＊不要把問題無限擴大，否則一座負面小山丘會變成跨不過的高山。

＊在求援和助人之間達成平衡。

＊記得轉換觀點，未來不是只有一條路可走。

自我肯定，活出意義

當你尋找最適合自己的樂觀培養法，記住我朋友說過的一句話：「你存在。你很重要。你有意義。」這三句重點代表三種心裡的自我肯定，是培養樂觀的重要基礎。

■ **你存在：**你有一個活在世界的軀體。只要還有一口氣，你就是一個真實存在，不是虛構或幻想。認清自己的存在，就能進一步選擇如何呈現這個存在。

■ **你很重要：**你是世界上重要的存在。世上只有一個唯一的你，前無古人，後無來者。你的獨特之處是一份珍貴的禮物。你能做的就是做你自己。你待在世上的期間可以為世界做出有意義的改變，尤其是朋友家人那一部份的世界。

■ **你有意義：**你的生命是有意義的。每個生命都有其目的，都是一段由樂觀從旁輔助的命運。

有人認為生命的目的是天生注定。例如古希臘人把命運分成宿命（fate）和天命（destiny）兩種形式。宿命是主宰宇宙的力量預先決定你的人生方向。這跟我們說「每個生命都有其目的」是不同的概念。宿命意思是你的選擇性專注力並不重要，因為最後決定命運的因素是外在控制點，你的命運操控在難以捉摸的希臘眾神手裡，他們是全面、穩定的外在原因。

活出獨特意義的人生比較接近天命的概念。你的認知意識、意圖和思考過的行動引導你做出選擇，從而逐漸發現賦予這一生意義的基本目的。瞭解天命跟自己的決定息息相關，你才能培養出有回復力的樂觀。有了樂觀，你才能對自己的決定投入信任、希望和強烈的信念，面對逆境不屈不撓，持續貫徹自己的決定。簡而言之，樂觀能助你達成天命，讓內在潛能發揮最高作用。

預期好事發生的心理

樂觀是一種心理前戲。一想到未來會有好結果，我們就興奮難耐，當下更願意埋頭努力。習慣拖拖拉拉的人說，截止日期逼近的壓力，再加上害怕超過期限的窘態和其他壞結果，逼得他們不得不動工。另一方面，樂觀的人比較不把害怕當成做事的動力，他們喜歡想像事情做完之後，未來美好快樂的景象。歌手兼作曲卡莉・賽門（Carly Simon）有一首歌就叫《預期》（*Anticipation*），其中一句歌詞是：「我們永遠不知道以後會怎樣，但總是忍不住想像未來的模樣。」這句是培養回復力樂觀的關鍵，預期好事發生，再努力讓好事成真！

羅伯特・薩波司基博士（Robert Sapolsky）研究預期在目標引導行為扮演的角色。大腦遇到可能有獎勵的情況時，就會分泌專注分子多巴胺。二〇一一年二月十五日，薩波司基博士在加州科學館發表演說，其中一項重點說明樂觀在人生扮演的角色。人類之所以特別，是因為我們為了預期的快樂，可以長時間釋放多巴胺。大腦的前額葉能帶我們時光旅行，所以人類預期的快樂有時要等數十年才會發生。

薩波司基博士說，事實上，人類還有更不可思議的能力，那就是根據這輩子等不到的結果安排這輩子的生活！譬如死後才能得到的獎賞（好比說上天堂），或是願意耗費一生的時間，為孩子和後代子孫打造更美好的世界。人類竟然能為了自己根本享受不到的福利，一心一意追求某個目標，這或許是樂觀能決定一輩子志向的最有力例證。

灌輸正念

樂觀、彈性和好奇是活力老化的黃金三角心態。大腦天生內建樂觀，同時也內建悲觀。樂觀悲觀光譜隨著原則和每天的際遇來回擺盪。心智的作用就是慢慢調整支點，讓你永遠傾向樂觀的那一端。

活到八十歲的人老說，心臟沒那麼強就別活太久。老化的生活每一天都是挑戰。沒人能毫髮無傷活到這把年歲。神奇的是，儘管人生苦難那麼多，大家還是相信未來會繼續有好事發生。《安妮的日記》作者安妮．法蘭克曾說：「說也奇怪，我到現在還沒放棄所有理想，那些理想看來多麼荒謬，根本不可能實現。但我仍然保持信念，不論如何，我相信人的心地還是善良的。」你的中心理想是什麼？哪個核心理念引導你下決定、反映你充實人生意義與目的的態度？如何確保你的人生「重要且有意義」？

既然人生充滿挑戰與障礙，安妮還帶給我們另一個啟示。她的日記寫著：「我終於再次改變心意，把壞的留在外頭，好的留在心底，就算世上只剩我一人，我還是要繼續努力成為我非常想當、也當得了的人。」她說的是我們所謂的「灌輸正念」：不管旁人怎麼想、怎麼說，只要一心主動專注在正向的未來。刻意想像未來正向可能性的具體畫面，想像堅持努力後能得到的正向回饋。就像一部小機器不斷唸著咒語：「我可以辦得到。我可以辦得到。我可以辦得到。」每練習一次，心態就會重新設定大腦，加入更多樂觀。到時候你就能跟安妮一樣，越來越有可能當上你「非常想當」的人，同時發揮潛能展現你最高和最佳的自我。

培養正向選擇性專注力，加強樂觀心態這樣做

＊正念減壓訓練：這套為期八週的訓練課程是培養專注技巧的絕佳方法。請洽詢當地的正念減壓課程教師或正念冥想指導師。

＊Lumosity：一款專門增進注意力和工作記憶技巧的遊戲程式。

＊治癒節奏（Healing Rhythms）：這是一堂十五個步驟的生理回饋課程，在家就能進行，內容是一套自我照顧和調節的技巧，包括增進選擇性專助力。

＊認知醫學訓練（CogMed Training）：心理學家、神經心理學家和其他健康權威人士研發的訓練課程，按部就班訓練注意力和工作記憶技巧。

＊催眠／導引式圖像訓練：很多健康專家都能教你自我催眠和導引式圖像訓練。運用這些技巧引導你的心思重新設定大腦，提高樂觀成份。請洽詢受過專業機構訓練的臨床醫師，包括美國臨床催眠學會（ASCH）、臨床與實驗催眠學會（SCEH）、國際催眠學會（ISH）和艾瑞克森基金會（Milton Erickson Foundation）。

＊藥物：處方箋藥物能加強某些人的專注力，讓你發揮全力，充分運用每一天。

＊營養補充：對藥物過敏或（和）不想吃藥的人，補充加強大腦專注系統（參考第六章）的特定營養或藥草也能帶來相當大的效益。

選擇性專注力的練習法

要展現最高自我，首先要有「我能展現最高自我」的樂觀心態。這種樂觀需具備長遠眼光，才能跨越現有障礙。另一方面，恐懼和擔憂會窄化目光。選擇性專注力跟正念覺察結合之後，我們就能認清眼前的障礙，同時繼續努力，不被障礙絆住或分心。這可是樂觀的重要基石。以下是建立正念選擇性專注力技巧的小練習。

答應自己每天抽出十到二十分鐘培養選擇性專注力。選擇固定的地點和時間。坐在有靠背的椅子上，雙腳穩穩踩在地上，雙手輕放在大腿。吸氣，感覺氣流充滿肺部，就像把水倒進大罐子。接著，摒住呼吸一會兒，再慢慢用溫柔克制的吐氣把空氣「倒出來」。重複吸吐幾回，你可能會在某一次吐氣的時候自然閉上眼睛。同時你會注意到，每一次吐氣，肌肉就更放鬆一點，任何想法或情緒也會慢慢淡去。

將下來花幾分鐘的時間，將你的注意力導向以下四個步驟。每一個步驟的專注時間是一次完整的吸氣、摒住呼吸、吐氣的循環。做完之後再進行下一個步驟。用四個呼吸循環做完四個步驟之後，再從第一個步驟重新開始，總共持續十分鐘。練習久了可以延長到二十分鐘。

以下是四個步驟。

一、在吸氣吐氣之間，注意身體的感受。注意舒適和不舒適的部位、溫暖及冰涼的部位。你可能會感受到拂過肌膚的氣流，或是指尖微弱的脈搏。呼吸循環期間，只要全神專注留意身體感受。

二、在吸氣吐氣之間，注意房間環境帶給你的感受。你可以張開或閉上眼睛。注意你聽到、聞到或看到的知覺。呼吸循環期間，只要全神專注留意周遭環境。

三、在吸氣吐氣之間，想想沒有什麼是永恆。萬物皆會變。這份氣息進入你的身體又退出。心臟跳動又止息。思想湧入腦海，隨後又被新的想法取代。連冒出來的感覺和感官也一直在變換。每件事無時無刻都在更新。呼吸循環期間，只要全神專注思考這個想法。

四、在吸氣吐氣之間，注意你的內外在和周遭環境發生的事，身體、心思和身體周遭的空間，都能來去自如，不必強求抓住什麼。練習單純觀察來去的變化，不要與之產生連結。其他人事物來了，走了，你還在原地，更懂得把握逐漸增強的樂觀心，挑選你想達成、也有能力達成的未來。呼吸循環期間，只要全神專注思考這個想法，然後回到第一步重新開始。

重點 Key point 觀念

- 大腦內建樂觀技能，常練習就能加強樂觀。
- 進化後的樂觀在「邏輯」認為該停手的時候，仍然會鼓勵我們繼續前行。
- 樂觀與希望、信任、信念和瘋狂這幾項因素有關。
- 高度樂觀對身心健康有具體益處。
- 面對老化相關的挑戰和挫折，樂觀能加強我們的回復力。

PART

4

美好的人生下半場，就靠智慧腦

朝著覺醒心靈邁進

「智慧並非與生俱來，我們必須踏上荒野之旅去尋找，沒人能代替我們上路，沒人能代替我們付出。」

——普魯斯特

每篇故事的主角在追尋個人遠大目標的時候，總是免不了一而再遇到阻撓，流傳最久的其中一篇，就是將近三千年前荷馬寫下的《奧德賽》史詩。本書一直想傳遞的訊息就是，在人生的旅途上，重要的不是如何躲過阻礙，而且決定如何面對阻礙。

前面已經談過兩套方法，一種維持大腦年輕（營養、睡眠和運動），一種常保大腦活力（好奇、彈性和樂觀）。最後這部分，我們另外加入打造智慧之心的三步驟，探討賦予人生意義的三項特質——同理能力、人際關係品質和忠於自我的承諾。

如同《奧德賽》所述，每個人一生所能留下的，端看我們如何找到回歸自我的路，還有自我對世界的作用。旅程沿途的選擇和行動，決定我們最終是否活得「忠於自我」，認可自己獨特的天賦，還有我們是否發揮這份天賦為他人和世界帶來正面影響。

CH. 10

關鍵 7：富同情心

同理心能拉近人與人之間的距離。發揮同理心的時候，批評的聲音自然就會消失。

「同理心就是對他人產生共鳴。」——莫欣・哈密（Mohsin Hamid），巴基斯坦作家

在變老前，先體驗老化的感覺

用麻省理工學院當開頭，談論同理心在活力老化扮演的角色，似乎有點不搭。但事實上，很多人都認為同理他人的感受是人類最偉大的成就之一。從盡力避免戰爭到一輩子的親密關係，每件事某種程度上都取決於我們是否能瞭解別人的觀點，感同身受，將心比心。為了培養同理心，麻省理工學院設計了一項產品，讓大家能有機會瞭解同理心和老化，並創造一個對老化更友善的世界。

麻省理工學院的喬瑟夫・克福林教授（Joseph Coughlin）發現，我們文化的硬體設計總是忽略老年人的舒適與取用需求。

他的實驗室自一九九九年開始研發「老人體驗裝」（Age GainNow Empathy System，簡稱AGNES）。這套裝備包含配重、特製的衣物和鞋子、彈性帶、有色眼鏡和精心設計的頭部裝備，讓穿戴的人進入老年模擬世界。

自願受試者穿著體驗裝走路、爬樓梯、買東西或其他日常活動。他們很快就發現整個人文景觀完全沒把老年人納入考量。受試者很快就感到疲憊，挫折感不斷升高，連從超市最上層架子拿一罐家庭號果汁也突然變得非常吃力。受試者很快就產生同理心，想到老年人就是這樣每天辛苦地過活。

幾間大型知名的美國公司已經根據老人體驗裝的研究結果，重新設計自家產品，以更符合老化社會的需求。老人體驗裝影響大公司設計產品的方式，就是讓設計人員穿上裝備，實際體驗老年人的感受。

同理經驗的力量和影響力不容小覷。美國幽默大師傑克．漢帝（Jack Handy）也認同這個說法。他曾說：「批評別人之前，先穿上他的鞋子走一哩路（walk a mile in one's shoes，將心比心的意思）。等到你開口批評的時候，他已經離你一哩遠，而且鞋子還被你穿走！」真幽默。由此可知，發揮同理心的時候，批評的聲音自然會消失。同理心拉近人與人之間的距離，批評則引發防衛心，拉開彼此距離。

第十章會再三強調，培養並保持高度同理心是老年人的重要課題。研究顯示，除非刻意維持，否則年紀越大同理能力越差。所以說，避免與他人脫節，最後被社會孤立的重要辦法，就是主動使用同理技巧。事實上，某些關於老年人研究更新的結果顯示，同理能力下降跟老化大腦比較無關，重點是有沒有從年輕就開始培養同理心。

同理心來自大腦鏡像神經元

蜜蜂不需要同理心。他們忙著幫花朵和果實授粉，沒有同理心就做得很好。天鵝也不需要同理心，他們優雅美麗的姿態不必同理心陪襯就很耀眼。大部分生物的世界都只有簡單的動作和反應。但是人類和大多哺乳類的世界更錯綜複雜。有了同理心，我們才能順利穿越人際關係的複雜迷宮。

胰島是位於大腦深處的一塊結構，跟海馬迴（處理身體感官）和杏仁核（處理體外刺激挑起的基本情緒）緊密連結。胰島就像夾心餅乾，卡在未經處理的感覺和那些感覺連結的身體特定狀態。二十世紀威廉・詹姆士（William James）和卡爾・蘭格（Carl Lange）的研究更清楚指出上述的神經路徑和同理心的關聯。他們的實驗結果顯示，當威脅逼近，身體會先發出危險接近的警告，之後威脅才會進到大腦意識。是身體感覺引起情緒反應，換句話說，就是身體告訴我們現在的心情如何（由身體表現出意識），而不是相反的順序！

大約二十年前，科學家研究猴子大腦的運動區域（負責目標導向的行動），結果發現驚人的現象。猴子在觀察人類伸手拿工具或食物或其他動作的時候，大腦就會「啟動」。更重要的是，但他們發現儘管猴子只是用眼睛看，他們發動的大腦區域跟伸手拿食物的研究員大腦一模一樣。這根本是「有樣學樣」的真實案例。猴子藉著模仿研究員的動作，學會複雜的社交行為。大腦在模仿目的行為時「啟動」的神經細胞稱為「鏡像神經元」。

經過多年實驗，科學家終於瞭解人類建構同理心的藍圖：如果別人正在做的事對我們很重要，我們就會一邊觀察，一邊發動鏡像神經元。大腦發動的模式讓我們能模仿別人的動作，同時複製伴隨動作所產生的情緒。鏡像神經元加上其他重要大腦結構，能在腦內建構出別人大腦發動的電子訊號模式地圖。這麼一來，我們就能準確讀出其他人的大腦正在經歷的感受！

鏡像神經元建構出高度精密的速讀系統。我們能在幾毫秒內分辨一個人是真笑還是假笑，鏡像神經元系統的模仿能力能夠迅速讀取對方的感覺，並依本能判斷該跟對方深入來往或保持距離。這就是所謂的同理心：體會他人正在經歷的感受。同理心能在我們內心引發情緒共鳴，人類的第一份情感共鳴就是嬰孩時期跟養育人建立的交流模式。

右腦聽情緒，左腦聽話語

剛出生的時候，我們的性命完全掌握在養育人手中。我們必須跟其他人建立多層次關係，才能平安長大。依附關係研究已經確認嬰孩養育關係的品質會留下一輩子的深遠影響。親子關係是一條多車道的情感超級高速公路，而且是雙向道，包括：養育人對嬰孩，以及嬰孩對養育人。養育人跟孩子的互動品質會在發展階段的嬰兒大腦刻下複雜的模式，影響激動、獎勵、安全感、興奮和危險的調節功能，這些都是同理心的基礎。

一開始，細心的養育人會「讀懂」並回應我們的生理心理需求，幾年過後，我們慢慢學會讀懂自己的需求，接著才學會讀懂別人。被讀取、讀取自己、讀取他人的循環，將我們固定於建立於同理心的人際關係無限循環中。從嬰兒到幼童時期，大腦不斷吸收越趨複雜的互動模式，在小朋友的人際互動範圍擴大的同時，也鍛鍊他們調節自我行為的能力。這就是為什麼小時候的互動模式，對將來人際關係的類型和品質有非常強大的影響。

艾倫．仕柯博士（Allan Schore）是研究人類互動時大腦雙向關係的泰斗。他的研究聚焦在右腦於人際關係扮演的特殊角色。右腦跟身體的連結更緊密，讓你感覺到與人互動產生的生理感官影響。右腦負責接收互動的非語言層面，例如細微的臉部表情。臉部表情其實占溝通內容的五成至九成。非語言訊號會透露出講者情緒，幫助我們判斷談話內容的性質。右腦基本上掌控人際關係，左腦則用來儲存這些互動的記憶。

培養親密關係，防止老化海嘯來襲

每年，人們會為了生命中大小事齊聚一堂——生日、結婚紀念日、祭日、戒酒紀念日、節日、退休，或甚至初次約會紀念日，話匣子一開總是聊起過往的回憶，互相更新上次見面到今天的近況。想起從前時光和共享回憶能拉近彼此的距離，懷念和親密感油然而生。情緒親密還能讓親密感更上一層樓。情緒親密是維持人際關係活絡又親愛的媒介。當然，每個人發展親密關係的能力不同，但不管你落在光譜哪一點，發展能力都有進步的空間。

後半人生必須保持甚至深化親密關係，原因有很多。老化的恐懼無所不在，還隨著時間加劇。與他人關係較親密的老年人更能堅強抵抗壓力，甚至活得更有精神。與伴侶或一群好友的親密感能架起保護氣囊，抑制時間累積成的挫折和失去的痛苦。

培養親密感的能力與同理心能力密不可分，兩者都深植於神經生理，都能拓展並重新設定大腦，製造親密和舒適的持久來源。瑪夏．盧卡斯博士（Marsha Lucas）精準描繪出擁有健康人際關係的人所展現的七大特質。我們用自己的話重述這七點特質，請注意其中包含了多少前面章節所提維持年輕大腦的技巧。

- 學習如何調節或管理身體對壓力因子的反應。
- 發展面對恐懼的調節能力。

- 培養打造情緒回復力的技巧。
- 增進彈性應對的能力。
- 更坦承面對自己。
- 學會傾聽自己和他人的感受（同理心）。
- 看事情的觀點從「我」換成「我們」。

練習以上七種技巧，我們會更懂得培養真實的親密關係。人際關係的本質是兩個人相處的品質，達成親密感的目標就是找到對方的獨特之處，並接納他的全部。

帶著同理心慢老

同理心負責讓我們快樂，但是年紀大了以後，這份任務的難度越來越高。大自然似乎早就知道此事，而且也做好萬全準備。例如勒文森博士（R. Levenson）等人的研究發現，活到六十歲的人更能同理發生不幸的人，而且比起二十代或四十代的人，他們更能在逆境裡保持樂觀。

研究也指出，人生到了後半段更傾向與人建立親密關係。例如吉賽拉．勒保芙微夫博士（Gisela Labouvie-Vief）找到證據，顯示老年人的認知發展進入「形式運思期」，能長期投身活動，包括做重大決策的時候，更懂得整合情緒和邏輯思考，做出最適當的選擇。儘管成年初期我們就能運用這項能力，但勒保芙微夫博士發現，能力會繼續成熟茁壯，表示中老年人能投入更豐富複雜的活動。

人際關係的質重於量。諷刺的是，老年人越注重親密關係，越有機會因為生離死別而傷心。現代老年人已經比以前長壽得多，但是就現在社會而言，多活幾年反而跟孩子、家族住得更遠，身體病痛和親朋好友逝世更是令人傷感悲痛。再說，太強調年輕和美麗的社會，也會讓老年人覺得失去青春等於失去價值。

有鑑於以上經歷，在變老的同時不忘保持同理心，對個體和整個社會都有好處。好比說，高同理心的人，心臟比較健康，心胸更開闊，對他人也能展現更多同情與關懷。既然同理心的本質是先傾聽自我，再用內在知識理解他人，打造緊密連結的社會群體就很需要同理心了，而中老年人正是社會群體的重要角色。研究顯示，高度同理心和利他精神所建立的人際關係，加上精通商業之道的做法，能為他人帶來顯著的經濟利益，一些簡單適度的小動作也能讓陌生人偶然的交會更愉快。

用正向人生觀說生命的故事

講故事是一項發揮同理心的重要練習。作家保羅約翰・易金（Paul John Eakin）說得好：「我們的生命故事不只是關於我們，就深遠意義來看，我們無法從中逃脫，這些故事就是我們。」（邊線為筆者所加）細胞生物學家與作家布魯斯・立普頓博士（Bruce Lipton）曾說，生命故事反映出我們對人際關係的信念，而信念的力量強大到足以形塑生理狀態，層級可以一路往下到打開或關閉細胞裡的基因。

儘管生命故事述說的都是過去，但只要將回憶稍微提煉一番，專注在樂觀面向，秉持更正向的人生觀向前看，過去也能影響未來。既然故事能改造提煉，大腦的神經可塑性研究告訴我們：生理也可以做到。

研究文獻一再提到許多日常練習能增加同理心，這些技巧在本書第二部分多有著

墨，例如彈性、好奇和樂觀三部曲。以下是提升同理心的實作方法，你的大腦以及你的人際關係都會感謝你現在做的努力。

積極傾聽，用「心」不用「腦」

積極傾聽（active listening）是一種多層面的溝通形式。傾聽他人，能藉此改變自己。當你用「心」傾聽（右腦），而不是用「腦」傾聽（左腦），你會真正聽進對方說的話，體會對方的感受（同理心），也因此受對方故事的影響更深，所以積極傾聽的同時也需要忍得住脆弱的心情。帶著容易受影響的心情積極聆聽故事，會改變你理解故事的方式，你會更接受並同情對方的觀點（不一定同意，但能接受）。積極傾聽的守則如下：

- 不插話。
- 問問題，鼓勵對方繼續說想說或需要說的話。
- 注意不要給意見，不要告訴他們應該怎麼做，或是低估他們的情緒。這樣會把誠心的同理心變成具批判性的同情或憐憫。
- 把你理解的部分說給他們聽，對方會感覺你把他們的話聽進去了，而且也有機會解釋被誤會的地方。

- 利用肢體動作表達你正在專心聽（例如眼神接觸、面對面、身體往前傾、點頭）。

接納新事物的好奇心

好奇心是一種「這好像可以研究看看」的心態，是預設立場、偏差和偏見的對立面。好奇心會把你「拉到」別的人事物面前，並不帶批判地探詢所有有趣、吸引人、迷人又新奇的地方。

或許最重要的是，好奇心能幫助培養同理技巧，因為你認為可以從他人身上學到重要的東西。為了找到重要的東西，你會努力與對方保持豐富而有深度的交流，最後兩人的共通點會建立以同理為基礎的交情，而不是可能害你們漸行漸遠的差異。

徹底翻轉的想像力

為他人產生的同理心能製造增效連結，也就是說兩個合體比單一個體更厲害。有時候，合體的強大效果能改變社會。

例如無黨派組織「和平兒童」（Children of Peace）舉辦藝術、教育、醫療和運動活動，讓巴勒斯坦、以色列、土耳其和一些四到十七歲中東地區的孩子培養長存友誼。這個組織把孩子對彼此懷抱的負面偏見轉變成和平共存的遠見，超越目前的地區歧異。

另一個例子是「杰・菲利普多信仰學習中心」（Jay Phillips Center for Interfaith Learning），該中心與三所大學合作，推廣瞭解不同信仰傳統的活動，希望對社會帶來共同益處。

調節情緒光圈，讓同理心「不過曝」——

同理心確實是很好的特質，但同理心過剩會不會有副作用呢？答案是會。不加約束的同理心的確有風險，現在就用相機鏡頭比喻給大家聽。調整鏡頭光圈大小可以控制相機的感光強度，如果鏡頭光圈開太大，過多光線進到相機，照片就會「過曝」。

同理心也一樣。長期將同理心開到最大，會讓太多他人的經驗進到心裡，你的壓力處理系統可能會被過多的脆弱心情壓垮，照心理學家的說法就是「人際界線拿捏不當」。

久而久之，壓力會引起各種身心問題。

同理心好處多多，但同理心氾濫會造成情緒的反覆壓力傷害。這些傷害到後半人生會慢慢浮現「心力交瘁」的症狀，譬如心智表現下降、生理病痛和情緒麻木。從事照護職業的人最常心力交瘁，譬如醫療人員、老師和執法人員。心力交瘁的專業說法是「替代性創傷」，顧名思義，見證他人受苦對自身健康有負面影響，過度接觸他人的痛苦掙扎會引發有害創傷。

心力交瘁或許跟神經生理有關，所以也會造成神經可塑性負面轉變。大腦不斷接收外來影響的壓力，例如同理心氾濫的人際關係，會讓海馬迴（解讀新經驗的大腦區域）進入休眠狀態。新生神經細胞數量下降，大腦新生細胞（神經生成）的能力也衰退，剩下回復力不強的細胞扛下未來的壓力。

這裡有個好消息。主動連貫的自我照顧可以控制同理心氾濫的風險，照顧方式包括玩樂、開懷大笑，再配合本書頭幾章討論的運動、睡眠和完整營養。另一方面，經常發揮健康同理心，大腦會分泌更多血清素。當我們沈浸在高血清素製造的安寧滿足之情，我們與他人的交流就會深化，而且更想與人交流。強化社交網路能避免同理心把我們變得情緒太開放、脆弱。積極照顧自己，建立豐富的人際關係，就能調整情緒光圈，以免「過曝」或心力交瘁。

懂得包容自己的缺點，就能接納他人的不完美——

同理心是我們從小時候的生長環境和人際關係學習而來的能力，是身為人類自然發生的現象。換句話說，我們的同理基因能力是依據大腦同理迴路的運轉程度（後生影響）放大或抑制。這些迴路無法在獨處的時候運作。事實上，不跟他人往來有礙同理心發展。前面說過，只有嬰孩時期跟養育人互動才會產生並調整同理心，而調整過程到成年早期的人際關係還會持續修正。

前面講過，同理心的發展狀況最終取決於人際關係的品質。如果對自己沒有某種情緒，我們也很難對別人展現出來。好比說，如果我們會對自己發脾氣，事情搞砸或缺點跑出來就對自己疾言厲色，那我們也無法給別人好臉色看。奇妙的是，當我們多包容、同理自己改不了的缺點和不完美，就越能自然地同理他人的心情。不完美的人也很棒！

猶太教有一條教義是「修復世界」（Tikkun Olam），意思是讓世界更美好。修復世界的中心思想是，人有義務花費一生的時間，讓世界比我們剛接觸的時候更美好。這條教義的心靈意義是每個人都要盡自己的力量，讓世界恢復成神靈啟發的完美狀態。但是，教義並沒有預設有人能獨立完成任務，大家也不會預期自己成為完美狀態。我們現在不是、以後也不會是十全十美的人。既然如此，「修復世界」為什麼還如此吸引人？

把握人生為世界留下正面改變，盡己所能修復世界，這些都需要抱負和傳承。教義能產生一股創造未來的抱負，而我們必須展現最佳自我才能創造未來。教義還牽涉到傳承，一想到我們努力的成果能留給後代子孫，我們就更有動力改變未來。我們能實現最重要的抱負，就是在親密和一般人際關係發揮同理心，如此一來，我們才能確定努力的成果會讓世界變成更和善、溫柔、友愛的地方。

老人與孩童相互學習力量大

養育孩子是最需要發揮同理心的場域，下個世代的健康完全掌握在養育人的手裡。

無論是不是自己的小孩，我們經常忽略中老年成人在養育孩童扮演的角色。大家普遍認為既然自己的孩子都大了，或許都當到祖父母了，我們的「黃金歲月」差不多結束，養育孩童的價值也見底了。接下來只要把接力棒交給下一代，我們這一輩老人就不必插手管別人養小孩的事了。沒想到，神經科學的研究交出完全相反的結果。

中老年人在養育小孩這件事上舉足輕重。發展理論學家指出，中老年人的創意、道德思考、解決問題、淡化偏見和其他自我接納的能力全都臻於成熟。無論是年輕人的父母、祖父母、老闆、同事、教師或運動教練，中老年人都是塑造孩子世界觀的要角，不只教孩子生存，還要教他們在將來要繼承的世界茁壯成長。

「反向導師」（Reverse mentoring）是最近新創的詞，它翻轉了只有長者才能傳授技能給年輕菜鳥的想法。反向導師主張職場上技巧傳授是雙向的，雙方都能互相學習技能，也都有自己獨特的技巧能傳授他人。兩邊的互惠關係使得雙方能同理彼此的觀點，進而迸發更多元又成功的方法，解決職場和生活的問題。

中老年人還能藉機模仿他們以往不常接觸的事：玩樂。根據亞諾和錢某（Yarnal &Qian）的研究，會玩的成人給人的印象是「積極、敢冒險、歡樂、有活力、友善、好玩、快樂、幽默、衝動、外放、善於交際、隨性和出乎意料」。把中老年人和那些特徵放在一起，大家就不會覺得老年人等於無趣。這些特徵會吸引年輕人學習如何當一個好玩的大人。想知道「當老年人是什麼感覺」是建立同理心的核心要素。

愛玩的個性可以強化跨世代交流。除此之外，一輩子保持愛玩的個性，我們就不會跟社會脫節，孤身一人，到老年也能保持身心健康。父母懂得玩樂，小孩才能學會排解壓力。愛玩的人還享有很多健康益處。想想，一整個世代的孩子都更健康、有活力、高創意，不怕面對生活的壓力因子，這是多麼偉大的傳承！

化同理心為行動

老年人擁有一個絕佳機會模仿最重要、但常被忽略的同理心面向：利社會行為（或稱「他人導向行為」），盡力符合或支持他人的需求與想望。換句話說，利社會行為就是化同理心為行動。

從文明崛起開始，同理行為就開始發揮社會功效。兩千多年以前，一位西元前一世紀的學者希列（Hillel）被一個憤世嫉俗的懷疑論者挑釁，對方要希列單腳站立教他猶太教的所有成文法。希列當時的回應是：「己所不欲，勿施於人。」後來耶穌基督也有類似的發言：「你們願意人怎樣待你們，你們也要怎樣待人。」這兩句話的意義都非常明白。我們不是一人孤島，我們是交際的生物，而且人際關係會影響自己與他人的本質。

同理心是連結社會的膠水，使我們願意對他人開放心房，建立交流，告訴對方我們歡迎並接納對方。從伴侶的親密關係，到所屬大型社群的深度交流，同理心持續扮演重要角色，維持後半人生的身心健康。接下來介紹建立並強化同理心迴路的練習。

同理心交流的冥想

請閱讀以下練習方法，中間可隨意暫停休息。

在你最愛的椅子上調整至最舒服的坐姿。呼吸自然放慢加深，讓身心意識進入緩和狀態。停留在這個狀態幾分鐘。吸氣，吐氣。讓身心都慢慢靜下來。

準備好了以後，閉上眼睛。繼續保持呼吸，維持身心的沉著平靜。把身心安頓好，等於你已經開始敞開心房，讓大腦準備好在你發展同理技巧的時候進行重新設定。同理心讓你能發自內心感受他人的內心感受，暫時體會他們的經歷，讓你真心理解對方的觀點，並且不帶任何批評。同理心能創造一個重要的情緒連結，將對方的心情和你的開放心房相連。

心裡想著你最在乎的人們的臉龐，挑一個你想要加深同理心的對象，回想你和他相處的畫面和片段。你想跟誰培養更深層滿足的關係？你想丟掉對誰的負面情緒包袱，換成更正面親愛的關係？當你專心回想對方的臉龐和共度的時光，留意體內冒出的情緒。當腦海浮現他的畫面時，你的反應是什麼？身體感覺如何？注意對方和你之間的關係帶給你的感受，那份感受的深度、質感和調性。

現在想像自己是位具有特殊才藝的藝術家，你會製作一種特調顏料，只要將顏料塗到心上，心中就會出現同理感。刷上特調顏料之後，你就能對他人打開心房，只要看著對方的眼睛，你就能感受對方的心情。

現在將顏料塗滿你的心，感受對方的愛、憂傷、心痛和怒氣。用你敞開的心房面對他的痛苦，原諒對方、理解對方、耐心對待、同理對方。簡而言之，就是練習基本的接納。每個人都希望需求獲得滿足。我們依賴別人滿足自己的需求。我們不是自給自足的孤島，沒辦法獨立只顧好自己。我們彼此需要。有時候，我們會用不同的方式表達需求。有時候我們會被在乎的人傷害冒犯。即使現在回想起來，你可能還會感受到那些痛苦的情緒再度被掀起，影響著你的身體。注意身體產生的變化。不要評斷，只要觀察。

現在，再為你的心塗上一層同理顏料，感覺你的心更開放。讓對方的情緒湧進來，雖然一開始可能有點難受。接受他的情緒，就像他本人感受到的一樣，同時繼續敞開心房接納對方。在做這件事的當下，同理心的魔法已經默默展開了。你對他身上任何負面情緒的反應會軟化。同時，因為你不帶批判地接受他的情緒，他的負面情緒強度也會逐漸減弱。繼續維持練習狀態，慢慢減少並改變你對任何負面情緒的反應，把那些反應收進心底。

反應是同理心的頭號天敵，請將反應以開放的心胸取而代之，即使對方充滿負面情緒，我們也能敞開心胸。在練習途中，只要內心浮現負面情緒，就將情緒換成一層新的同理顏料。保持同理空間開放就對了。

維持呼吸緩慢穩定。每次發現開放的心胸開始動搖的時候，就加塗一層同理顏料，並專心調整呼吸。

多加練習，增強對他人的同理心，練習的效果將不僅限於此。單一對象的規律同理心練習能讓你同理更多人。同理心越強，你越能帶著自信與人生中遇到的人交流。不管對方丟出什麼情緒，你都能理解，而且接受他們真實的樣貌。

同理技巧能蓋出一條穩固的橋樑，助你建立合作互惠的人際關係。練習培養同理心，為你的後半人生刷上金黃色彩。

重點 Key point 觀念

- 調節人際關係品質的大腦區域負責發揮同理心。
- 練習同理技巧可以改善調節心態與行為的能力。
- 同理心是互動能力，會影響互動對象的大腦。
- 積極練習同理心，整個人會更平靜、滿意和滿足。
- 教出富有同情心的小孩，可以說是我們留給後代最棒的資產。

CH.11 關鍵 8：與他人交流

人類的壽命延長了，現在的八十歲相當於以前的六十歲。如今，步入中老年的人都把社會聯繫當成激發社會正向行為的途徑。

「真正的生活是與人相會。」──馬汀・布伯（Martin Buber），猶太神學家

孤單，是人類最大的恐懼──

快九十歲的貝拉已經孤家寡人一段日子了，她打算要搬出那棟把孩子拉拔長大，後來又獨居了幾年的老房子。她要住進新社區的老人療養機構，去那裡跟其他差不多背景和年紀的人作伴。貝拉在那裡每天都有活動，協助、資源、醫療什麼也不缺，但就在她考慮的當下，她的心底冒出一句正中要害的話──她怕「去那裡會很孤單」。客觀來說，療養機構根本沒有這個疑慮。機構每天都會精心安排多樣活動，讓老年人彼此多多相處，貝拉幾乎沒有獨處的時間。

實際上，貝拉怕的不是社會孤立，也就

是沒跟人群接觸。她怕的是孤單，一種與他人斷絕往來的心理或存在狀態，那是我們內心深處最大的恐懼。一首寫於兩千多年前的聖詩反映出這種恐懼。或許彼時已經進入遲暮之年的作者說道：「勿於垂垂老矣之時丟下我；勿於氣力衰退之時拋棄我。」

貝拉懷有相同的恐懼。她對孤單的害怕顯示人類對充滿回憶的地方和物品（貝拉的家）可以產生強大的情感連結。儘管如此，我們必須跟他人建立有生命力的動態人際關係，才能抵擋害怕孤單，以及被遺忘的恐懼。

社會聯繫

有一些強大但隱藏的力量，會影響我們建立社會聯繫的能力。譬如由克里斯蒂安・帕斯夸雷特（Cristian Pasquarette）帶領的研究團隊發現，最「聰明」、最能容忍他人（靈長類）的群居動物，腦內資訊流量也最有效率。換句話說，神經科學有證據證明社交關係是塑造大腦、讓我們展現更多高度發展社會行為的重要關鍵。

我們是群居動物，最小的社會族群單位是二元體，也就是兩個人。最基本的二元體是母親與孩子。在大型社交團體裡，夫婦伴侶是最基本的成人社會單位。這些二元體的聯繫強度能維持一輩子，但是進入後半人生之後，我們可能會失去對方，考驗聯繫強度。幸好，只要加強社會聯繫連向自己的這一端，就能強化連向他人的那一端。

我們與他人的化學關係真的含有化學物質。歌手兼歌曲作家路瑞德（Lou Reed）所寫的的《我的化學之愛》（*My Love is Chemical*）這首歌詞裡就說對了。當大腦獎勵中心的化學受器被叫做「升壓素」和「催產素」的小小分子淹沒，受器就會產生想建立長久聯繫的強烈衝動。只有人類和其他會養育照顧後代的哺乳類才有接收聯繫化學物質的受器。少了受器，世界就沒有長期配對的關係。少了高濃度的催產素，父母不會長久在一起，也就沒人養育後代了。

當然，社會聯繫不只是化學物質和受器的互動。人的五種感官也都在塑造社會聯繫。大多人都聽過費洛蒙，那是一種氣味分子，能撩起我們對伴侶候選人的戀愛感覺。但是費洛蒙並非獨力完成任務，所有感官都有出力促成社會聯繫。

南極的岩石海岸邊，成千上百隻帝王企鵝在共有群棲地築巢。每一對企鵝爸媽只會下一顆蛋。當媽媽跋涉一百二十哩路到海洋餵飽生產完的自己，爸爸就在地球最嚴酷的氣候下盡責地照顧小企鵝，耐心等待幾週後伴侶回來，再換自己下海覓食。這群過份忠誠的企鵝可以透過獨特的叫聲，從數不清的路過企鵝堆裡認出伴侶和小孩。對企鵝來說，聲音就是鞏固聯繫的強力膠。

依附的印記

右腦的功能是辨認模式，而且常在我們無意識的狀況下進行，這些模式強力影響我們建立人際關係的方式，以及想建立的對象。右腦會注意平常意識所忽略的事，像是聲音模式、表情習慣、情緒起伏、常表現出來的情緒，以及愛與親密的需求表達。最後，右腦會幫我們決定該怎麼做才有安全保障，引導我們快速判定要接近或迴避某人。

這些是情感依附的基本要素，而這些依附模式在很小的時候就已經固定下來了。剛出生那幾年，右腦忙著追蹤解讀情緒飽滿的非語言關係模式，學習什麼會讓我們感覺安全有保障，什麼，會讓我們感覺被需要被愛，什麼能激發獨立自信，什麼事情會發出威脅和危險警訊。小時候學到的印記會跟著我們一輩子，不過只要留心注意並持續練習，神經可塑性還是能修正這些印記。

社交依附模式到了後半人生依舊很重要，這一點是不會變的。改變的是我們逐漸無法意識到這些模式不成文的規矩，還有模式對我們日常決定的影響。如果能更加意識到人際關係的規矩，我們就能寫下新的規矩，讓生活更充實。我們能追求更滿足充實的人際關係，添增豐富的情感深度，還能打破以前生活經驗所設下的社交限制。

對外的人際關係能提供社會情境，幫我們理解對自己的關係。大衛．瓦林博士（David Wallin，臨床心理學家）曾說，人際關係包含「社會生物回饋」系統，讓我們學會調節情緒。在調節情緒的過程中，我們更能滿足內心各種情緒需求。

威廉博士的研究重點在於，重新打造強健的依附聯繫，才能打好心理健康基礎，不過越來越多證據顯示，社會聯繫影響的是生理健康。

- 社會關係影響我們保持健康的選擇。
- 我們習慣模仿社交網路內的人，也會模仿他們的健康行為（像是飲食、體重控制、運動強度、抽煙和酒精使用習慣）。
- 社交網路減少了導致老化的健康危機。
- 長期照顧慢性疾病的伴侶，照顧人的那一方生病機率也會提高。

社會交流的獎勵

詹姆士・霍里司博士（James Hollis）說：「要改善與他人或超然存在的交際關係，最好的方法就是更意識到與自己的關係。」要對自己的反應、情緒和決定更有意識，就要每天有一點啟蒙，這裡的啟蒙不是指觀念大改變，而是心靈更有警覺意識。當你開始執行我們準備的睡眠、營養、運動、彈性、好奇和樂觀的練習，你會發現跟自己的關係變正向了，這類練習也能改善與他人的關係。既然我們如瓦林博士所說，身處在「社交生物回饋」的網路中，那麼與他人開放又親密的關係就能產生回饋獎勵，增進我們的身心健康。

我們跟他人建立越多活力關係，就越能跟他人情感交流。然後，當我們面臨無法避免的干擾或損失時，也能更快從傷痛中復原。個體之間抱持開放心胸交流的起伏跌宕，能讓雙方更富足，即使失去對方，收穫也不會變少。增強個人和社會聯繫之後，不管人生有什麼際遇，我們都更能坦然接納，並且同時繼續挖掘生命快樂的泉源。心理學家榮格如是說：「我一直以為接納某件事物之後，那件事物的力量就會凌駕於我們之上。結果我徹底錯了……所以我現在打算好好暢玩人生遊戲，來者一律接納，好壞陰陽輪流轉，所以我也接受自己的正面和負面本質。這麼一來，萬物之於我又更鮮活了。」

接納事物不表示接受的事物永久不變。在任一時刻接受事物原有的樣子，反而能增強我們在下一個時刻為事物帶來正向改變的能力。我們會進化成長，反映出緩慢穩定、一步步累積微小改變的練習。

學會接受從社交網路收到的回饋意見，回應的時候就能更敏感、更帶同理心、少一點防衛。按照這種方式建立起健康的社會連結，凡是接觸過的人就能跟著改變，如此一來就能掀起大規模轉變。社會人際關係更充實快樂，並進一步強化社會聯繫。

社會聯繫不足，健康也會跟著遭殃。例如二〇〇三年，美國人的醫療費用估計高達十三億美金，其中至少七成五都花在生活方式引起的健康問題上。不健康的生活方式埋下肥胖、糖尿病、氣喘、心臟病和抽煙喝酒相關疾病的種子，時間越久，情況越惡化。

並不是說所有健康問題都是缺乏社會聯繫的關係，個人行為選擇才是健康問題的肇因。但是為什麼人們「明知不可為」，還是繼續做這些會傷害健康的事呢？為什麼即使想改過向善也很難成功？如果想改變行為，這個改變必須跟深層的個人意義有關，我們才有動力執行。研究發現，只有內在變因（譬如：自尊）和社會聯繫的外在變因（譬如：感覺被愛）搭上線，我們才比較願意改變行為，改善身心健康。我們與他人建立關係之後，「意義」才有意義。

社會聯繫 v.s. 內在特質

以下領域都能幫你化改變的想法為行動，問問自己在各個領域的進展如何。每句敘述都有一個搭配句（例如「我覺得被愛」跟「我的自尊心」很正面搭在一起）。配對的第一句話是社會聯繫，第二句是內在特質。

一、我覺得被愛。／我的自尊心很正向。
二、決定重大事情的時候，我不感覺孤單。／我有明確的目標和計畫。
三、我覺得受到尊重，有人願意聽我說話。／我很清楚自己的恐懼和焦慮。
四、我覺得備受支持。／我有自主權。
五、我的環境提供學習新知的機會。／我接受挑戰，正在追求答案。
六、我信任生活周遭關心我的人。／我信任自己。

以上六組敘述將討論等級往上調，討論焦點不再是獨立個體，而是存在社會網路的個體。社會個體能激發一個人的潛能，實現最高等的獎勵。而且獎勵往往來自為了他人利益所採取的行動。

專門研究顯示，當我們陷入「社交兩難」，要在對自己有利，或是風險更高但對他人有利之間選擇，大多數人說他們會選較危險但更利他（他人導向）的選項。不過，說和做是兩碼子事。所以研究又更進一步探討，是什麼動機促使人願意捐贈腎臟給陌生人，捐腎可說是很極端的利他行為。

一開始，科學家懷疑一個人到底是抱著什麼動機，才願意進行一連串手術，取出健康的器官捐給素昧平生的陌生人。心理學家邀請器官捐贈者進行訪談，想知道他們的腦子哪裡有問題，結果心理學家沒得到預期的答案。

但他們發現一件更重要的事。研究不斷指出，這些捐贈器官的人，自尊心非常高，整體也很健康。於是心理學家有了新的結論：正向的社會聯繫開發出人類更高尚的一面。然後，當這些人有機會發揮充滿意義的社會聯繫時，他們多半選擇利他的行動。古老的智慧很早就提倡為他人服務，發揚高尚的本性。現代科學也提供實質證據，支持這個道理。

讓「意義」變得有意義

維克托・法藍柯醫生（Victor Frankl）是一位傑出的榜樣。世界二次大戰爆發之前，法藍柯醫生在維也納當精神科醫師兼研究員。戰爭爆發之後，他與妻子、父母和兄弟全都被抓進納粹集中營，就因為他們是猶太人。後來整個家庭只有法藍柯醫師活過可怕的戰爭。在當時人類良心幾乎蕩然無存，存活機會微乎其微的世界，法藍柯醫生每天辛勤地為囚犯散播希望，破除集中營內瀰漫死亡的絕望。

一九四五年重獲自由之後，法藍柯醫生將所見所聞轉化成新療法，自此聲名大噪。他的研究核心是人生目的與意義的關鍵角色。他認為意義與目的不只能豐富人生，缺乏意義與目的甚至會縮短壽命。他瞭解到生活不只是求生存。他在《被埋沒的意義追尋》（*TheUnheard Cry for Meaning*）書裡寫道：「事實上，當你放棄求生掙扎的時候，你會把心自問：為什麼要活下去？越來越多人能找到生存的方法，但他們沒有生存的意義。」

後半人生的其中一項重大責任，就是回答法藍柯醫生的呼籲和挑戰：你生存的意義和目的是什麼？戰後出生的嬰兒潮世代漸漸步入中老年，其中越來越多人開始自問，生存的意義與目的是什麼。以往大家都認為到了特定年紀，就該退出人生舞台，就像後浪推前浪，每個世代都有興風作浪的時刻，直到退回海裡，氣力耗盡，空出舞台給湧上來的後浪世代。

新的典型出現了。現在的八十歲等於以前的六十歲。人類的壽命也確實延長了。如法藍柯醫生所說，生存的方法無法取代生存的意義。步入中老年的嬰兒潮世代開始警覺問題，而且如作家馬克·費德門（Marc Freedman）在《安可人生》（*Encore*）所寫，他們正在尋找人生的第二春。費德門的研究發現邁入五十大關的人有以下幾個共同特質，他們都把社會聯繫當成激發社會正向行為的途徑。

- 他們認為自己即使過了傳統退休年齡，在職場上還是很活躍。
- 謀求第二份職位的人數比例創新高。
- 比起錢，他們更重視追尋意義與目的。

■比起創造更多，他們更想要創造改變。

在第三章我們曾提到，治療師兼牧師的韋恩・穆樂（Wayne Muller），是從另一種角度看意義的追尋。費德門著重從行動找到意義，穆樂則更強調內在情緒和心靈清楚瞭解自己是誰，我們才更能對外在世界展現內在自己。他強調四大問題，現在也請你問問自己。空出一段安靜不受干擾的時間，用沉思或冥想的方式思考這四道問題。一段時間過後，再重新回答一次，直到找到滿意的答案為止。這四道問題如下：

■我是誰？

■我喜愛什麼？

■人難免一死，我該如何過我的人生？

■我能為家人帶來什麼禮物？

經常重複問自己這四個問題。每一次，你的回答都會更成熟，更發自內心。這些問題不是隨堂小考，等答案卷寫完交出去就要跟著老師繼續學習下一章了。生命的意義建立在穩固的基礎上，這四個問題就是基礎的藍圖。建設基礎必須持續不間斷，並且仔細改良精製。你應該看得出來，穆樂和費德門的問題都是從自我內在延伸到外在世界，從個體拓展到更大的社交世界，裡面的每一個人都是完整且必要的一部份。

大部分信仰傳統皆強調苦短人生多麼珍貴，為他人和大家共享的世界奉獻自我，才能發揮最大的生命價值。所有信仰都有一條原則，就是超越所有宗教歧異，他們的哲學觀點都把個體視為更大（或者說神聖）整體的一部份。

印度的問候語Namaste意思是「我向你的內在神性致敬」。若以神性的濾鏡看待他人，我們就不會像平常遇到別人總是習慣先打量評斷一番，像是：「你看起來如何（跟我比起來）？」、「你開心嗎（比我開心嗎）？」、「你遇到什麼煩惱（比我更嚴重嗎）？」、「你很成功、穩紮穩打、備受肯定、人緣很好嗎（比我好嗎）？」忍住批判、評斷和比較的習慣，瞭解外在肉體只是一個人的一部份，改變我們與他人相會的方式。平等待人，豐富彼此的生命。

打造意義豐富的人際關係——

活力老化的關鍵墊腳石是不斷改進自我和我們在社交關係的功能。怎麼做？怎麼把兩人的相會變成兩個互相啟發的個體，積極想為彼此或其他人做到無法對自己做的事？下個段落將列出完整步驟，在那之前，先來補充必要的背景知識。

一八〇〇年代後期，一名年輕男子誕生於奧地利維也納。他的母親毫無預警離家出走，不留隻字解釋，當時小馬汀·布伯[1]才三歲。過度勞累又心裡受創的父親將小馬汀送到祖父母家寄養。或許是與祖父母溫暖的互動救了馬汀一命，也或許是他早年的依附經驗，無論好壞，總之人際關係的本質深深吸引著他。他的人生經歷與研究累積全寫在舉世聞名的著作《我與你》（*I and Thou*）。

有些人可能沒聽過這本書，容我們介紹一下。布伯將人際關係分成兩大類型：「我—你」（I-Thou）與「我—它」（I-It）。我—你關係之下，雙方完全呈現在彼此面前，專注分享全面的生命，提升雙方境界。我與你知道彼此體內的神聖頂禮，分別之時，雙方皆感受到對方專心傾聽、認可並肯定自己。我—你關係將單數的我放在複數的人際經驗下檢視：「『我們』存在，『我們』很重要，『我們』分享的生活很有意義！」

布伯說：「真正的生活是與人相會。」這裡的相會指的是我—你關係的深度交流。不管多短暫，我們都有過這種經驗：對方全心全意，敞開心胸傾聽我們說話，觸動我們心底柔軟的地方，於是我們也抱持善意回應對方。無論是相處五十年的老伴，或是坐公車、搭飛機、在超商排隊等結帳遇到的陌生人，都有可能發生以上的際遇。只要你主動「展現自我」，抱著開放的心隨時隨地影響他人或受他人影響。

第十章提過，同理心能讀取他人心思，對方也能看出我們的想法。進到我—你關係，同理心就開始在雙方之間流動。互相讀取內在狀態能強化社會聯繫，啟動各種健康益處，開啟個人與雙方的快樂、充實與滿足之門。

我—它關係則是指單獨個體，或是即使身邊有人仍感覺孤單的經驗。我—它邂逅不是與另一個人的互動，也不是保持距離對待別人，看別人會如何對你。我—它邂逅是：

1. Martin Buber，二十世最重要的猶太籍宗教哲學家之一。

■店員結帳「應該」快一點，你才能趕快去赴重要的約會。

■銀行行員提款「應該」快一點，因為你待會還要辦重要的事，你可是大人物，時間就是金錢。

■電話那頭的朋友簡直在浪費你的時間，一直講自己的事情。你不耐煩地等著他告一段落。他們「應該」知道「你的」需求。然後你就能開始把想講的事情大說特說，不理會他們的回應，這樣他們才能當你的垃圾桶，讓你一吐為快。

我—它邂逅之下，你將客體當作主體。如果反過來，你就知道那種感覺。當我們被當成客體，那種感覺很明顯。如果對方把我們當成物理客體，我們通常會用物體的譬喻形容那次經驗。「我覺得自己很渺小。」、「我覺得被踢到一邊。」、「我覺得自己像團垃圾。」客體無法擁有真正的雙向互動，畢竟我—它邂逅大多是單向道路。唯有對方從我們這裡得到想要的，我們才有「價值」。然後，我們就像垃圾一樣，被丟到一旁，獨自吶喊：「我徹底被利用了！」這些內心話反映出邂逅的失敗，無法晉升成布伯的我—你關係。

身為心理健康臨床醫師，我們執業時間加起來超過六十年，期間見證無數次我—你關係改變人們生活的力量。許多次，客戶泛著淚光對我們說：「這是頭一次有人認真聽我說話。」這個人生真實的相會經驗（改自布伯的引言），是這些客戶人生最鮮明的時刻。一個願意關心的「他者」見證自己的生活體驗，是人類發揮潛能的關鍵時機。後半人生面臨各種挑戰，疾病、退休、親朋好友逝世、還有感受越來越深的死亡，社會聯繫可以幫助我們度過這些難關。

孤立和孤單，害人在老化過程中營養不良

擁有強大積極社會網路的老年人，生存機率多百分之五十。這豈不是學習建立、維持並改善現有人際關係的最佳動機？目前有兩成老年人長期照顧生病的另一半，他們通常很難跟外在社會網路保持聯繫。當老年人長期負擔看護責任，與外界脫節，孤立和孤單的比例一下就飆得很高。

布拉澤・威廉・金南[2]這樣說道這對雙生苦難：「孤立和孤單會害我們在老化過程營養不良」。老化領域的各類專家都發現這一點，並同意老年人的挑戰不在於活得更久，而是活得更好。他們找到一些重要步驟，幫助個體與社會聯繫。

艾姆列和默瑟里（Emlet and Moceri）就在研究如何打造「樂齡友善」的社會，解決老化的生理障礙。他們發現幾個支持社會聯繫的關鍵：

- 打造新的社群，解決「老人體驗裝」研究找到的老年人生理障礙（第十章提過「老年體驗裝」（AGNES），穿上特製服裝體驗身體老化的感覺）。
- 建立注重「互利」的社會角色（我—你關係社群）。換句話說，樂齡友善社會的老年人不只是接收「年輕人」服務、消耗「年輕人」資源的對象，老年人也能參與公眾活動，例如擔任志工、教學和指導的角色，貢獻一己之力，提升自我價值。他們是「年輕人」以後想成為的重要模範。
- 年輕的老年人通常愛好終身學習。除了失智症患者以外，老年人多多滿足好奇心，可以讓保持大腦靈敏直到老。不論是讀書會、聖經讀書小組、社區教室或正式教育機構規劃的課程，只要是團體學習，都能深化人際關係。

光譜另一端是重要的玩樂。研究不斷發現老年人也很需要玩樂。老年人必須培養一些休閒嗜好，而且最好要跟別人互動，這些嗜好對老年人的益處不只是保齡球分數變高或十八洞技巧變好。認真看待你的休閒時光吧！盡情享受。

盡可能有效地自我管理疾病，也會影響健康老化和社會聯繫。自我管理不是凡事都一個人全部扛下來，而是可以自己來的時候就自己動手，但是同時也清楚知道何時該如何取得多種支援，解決健康需求。這種自我健康管理以三大變因為主：

- **事先顧好健康。**給自己動力採取必要措施，做好健康管理，並且有一定的自尊，能理解這些努力都是值得的。
- **累積健康知識。**學習疾病對身體的影響，降低惡化的風險，幫助自己調整到最佳健康狀態。
- **與醫護團體建立牢固的關係。**「團隊」本身就涵蓋社會聯繫。請和你的醫生一

2. Brother William Geenen，美國佛羅里達「銀髮族中心」（Senior Friendship Centers）的創辦人。

起做決定，一起選擇採取哪些措施，要不要再增加額外療法。身為團隊，你們必須一起花時間抉擇哪些醫療行為最恰當。一起決定的行動考量的不只是特定身體部位，而是為你整個人的需求負責。我們發現不是每個人都有能力和意願擔任醫療伙伴，但是這麼做的報償絕對不容小覷。

燃燒生命火把，交棒給下個世代——

每個人從誕生後就與外界產生聯繫，臍帶可以說是我們出生前的生命線。臍帶剪斷的那瞬間，人生就同時朝兩個方向啟程了。每個人終其一生都在想辦法將兩個方向合而為一，但是永遠不會有人成功。

一方面，切斷臍帶宣示個人自主和自給自足的旅程已然展開。儘管有時我們還是會依賴他人，想獨立的心情還是很強烈，而且跟我們如何培養自尊、自信和自我導向密切關聯。另一方面，切斷臍帶也宣示我們開始永無止盡地尋求與他人聯繫，重新找回在子宮裡感受過的安全和舒適感。

我們花一輩子找理想伴侶，不必開口就知道我們需求的另一半。這條追尋的旅途有多少人，就有多少種同時尋求獨立和聯繫的方法。沒有哪一種方法是最理想的平衡點。不過，第十一章還是列出幾項核心要素，結合起來你就能找到自己專屬的平衡方式。

之前說過，急著與他人交流的急迫感能抵擋害怕被孤立的恐懼。後半人生感受到的恐懼最強烈，而且每過一年感受越強烈。同時，傾聽內心最深處的個人情感，並與之相連，能活化與他人的聯繫。越能與他人培養我—你關係，越能發掘人生的意義與目的。

劇作家蕭伯納從服務的角度傳達聯繫的精神。留意他的話語，你更能創造出目標導向的人生。

「人生真正的快樂，是把生命奉獻給自己認為崇高的目的，成為自然力量的一部份，而非及悔恨疾病於一身的傻子。自私昏了頭，只會埋怨世界無法帶給你幸福。

我認為我的生命屬於整個群體，只要還留著一口氣，為群體服務就是我的榮幸。我希望死亡來臨之前，我能完全發揮自身價值，因為越努力認真，人生越精彩。歡慶人生不需要理由。人生不是苦短的蠟燭，而是我有機會握在手上的璀璨火把，我希望手上的火把能盡力燃燒，直到交棒給下一個世代為止。」

賦予意義的練習

「你最大的錯誤是演著這齣劇碼
彷彿孤身一人。
放下孤單的重量然後輕鬆融入
對話。
一切正等著你呢。」

——大衛・懷特（David Whyte），英國詩人

前面我們提出韋恩・穆樂的四道問題，接著在這裡又丟出四個問題作結語。這兩組問題最後都引導你走到同一個地方，深入內心挖掘未來生活的重心。

當你坐下來沉思這些問題，上面那首大衛・懷特的詩能讓你靜下心。利用專注精神的技巧進入深層智慧，排除外在干擾。然後，等心裡頓悟出答案，隨即採取行動。按照以下步驟將潛能實踐到生活裡。

步驟一：你內心深處最想要體驗什麼？
步驟二：你內心深處最想要表達什麼？
步驟三：你內心深處最想要創造什麼？
步驟四：你內心深處最想要貢獻什麼？

重點 Key point 觀念

- 人類大腦天生需要社會交際。
- 一個人在小時候所建立的社會聯繫強度和類型，對於其終生的社會聯繫有深遠的影響。
- 學會創造、發展並保持健康社會關係，能保護身心健康，尤其是後半人生的健康狀態。
- 社交關係是否給予我們充足的意義、目的和方向，將會影響身心健康。
- 要知道一個人的自我發展好不好，看他們的家庭、社群和社會文化層級的社交關係就知道。

CH.12 關鍵9：活出自我

童年時期，生命教會我們發現天賦；後半段人生，我們要努力恢復並取回原本就擁有的天賦。

「做自己。那是你唯一自願做的事。做自己，這是唯一的要求。做自己，這是唯一的需求。做你自己。」──芭芭拉・布倫南（Barbara Brennan），美國醫師與科學家、治療師

瑞柏・蘇士雅（Reb Zusya）是一位正直的拉比[1]。臨終之時，他的弟子圍在他身邊，驚訝地發現他們的導師賢者，一位行為思想備受推崇的聖人，面對死亡與審判竟然害怕得直發抖。

「大師，」徒弟問道：「何以害怕上帝的審判？您終身抱持亞伯拉罕的信仰而活，如聖祖雅各的愛妻拉結一般教養學生，如摩西本人一般敬畏上帝。審判應該不足為懼才是。」

蘇士雅顫抖地深吸一口氣，回道：「當我來到審判寶座的座前，我不怕上帝問我：『為什麼你不能做當個更像亞伯拉罕的人？』因為我可以說：『噢上帝，我是蘇士雅，

不是亞伯拉罕，這您是最清楚的了，我怎麼能夠做得跟亞伯拉罕一樣呢？』如果上帝又問：『為什麼你不能像拉結一樣關愛眾生？』我可以回答：『主宰宇宙之神啊，您將我造成蘇士雅，而不是拉結。如果您希望我跟拉結一樣，您應該把我造得更像她。』要是審判之神再說：『蘇士雅，為什麼你不能做個更像摩西的人？』我可以答覆：『噢神秘的救世主，我只是蘇士雅，我該如何更像摩西呢？』但是我全身顫抖，害怕不已，因為我認為全能的神會問我另一個問題。我相信他會問我：『蘇士雅，為什麼不能成為更像你自己的人？』如果上帝這麼問，我該如何回答？」

以上是猶太哈西迪教派的故事，由親切的大衛．孔明斯基拉比（David Kominsky）分享，他總結這個故事的啟示：「我們不必成為完美的人，只要做自己就好了。」「做自己」聽起來很簡單，你可能會疑惑：「不做自己還能當誰？」有些人則可能

1. 猶太教的學者、老師，也是智者的象徵。

會覺得有點卻步：「做自己到底是怎麼個做法？我又該如何確定自己的模樣？」

對大多人來說，完全做自己不是一件容易的事。科學、勵志書籍甚至信仰都沒辦法替你安排一條明確的路徑。做自己牽涉到深層的內在功夫，而且沒有清楚的指示，畢竟沒有人的旅途是一模一樣的。不過，還有什麼事比成為完全、深切、真實的自我更重要的嗎？任務完成之後，還有別的追尋之旅嗎？

我們把追尋完全體現的真實自我看作終生旅程，只要還活在世上，旅途就沒有盡頭，因為我們隨時在改變，每個嶄新的時刻和條件都會找上我們。本書到目前為止的內容，都是在做旅程事前準備，備妥需要的條件，但並不保證成功。

說到底，人類有選擇的自由。聽起來或許奇怪，但我們能選擇不要做完整的自己，而且其實大多人都是這樣。我們寧願討好別人。我們拿自己跟別人比較。我們看輕自己，更看重別人的追求目標。我們拒絕覺醒，看清事情的真面目。結果就跟蘇士雅的故事寓意一樣，我們活不出自己的人生。

最後一章，我們希望給你指引，一個大概的方向，告訴你如何活出完整人生，不管年紀多大、健康好壞或是過往人生如何失敗，只要還活著有呼吸，永遠都來得及覺醒成真實的自我。永遠都還有時間。

自我探索：知道「我是誰」

「現在我成了我自己。花了點
時間，許多歲月和地點；
我曾經被融化、動搖，
戴上不是自己的微笑……」

——瑪麗・撒頓（Mary Sarton），美國作家

「成為那個你一直是的那個人，要花多長的時間啊。」帕克・巴默爾（Parker Palmer）在《讓生命發聲》（*Let Your Life Speak*）寫道：「我們多常戴上面具假裝自己是別人。還要忍受融化動搖自我多久才能發現深層的內在，每個人都具備的真實自我，那顆真實稟性的種子。」

有誰不曾戴上面具，努力扮演不是自己的角色，只為符合父母、老師或朋友的期待？誰不曾感覺身份動搖，不知道自己到底是誰，或是如何一邊前進一邊忠於自我？好好回想你的人生。你何時背棄了自己，為了什麼？

最近和一群七年級的孩子聊天，我才發現他們早就開始背棄自己了。當時我們在聊憂鬱，他們懂得非常多，而且令人難過的是，他們的知識似乎大多都源於自己的經歷。但是更令我訝異的是他們憂鬱的源頭。孩子一個接著一個用不同說法道出相同的心聲：他們被期待的重量壓得喘不過氣。才十三歲，他們已經開始明白「戴面具」的痛苦。

帕克．巴默爾指出，人在童年時期很常不經意發現到真實自我，而老化的其中一項核心任務就是取回天生賦予的真實自我：「前半人生，生命教我們最原初的天賦是什麼，然後，如果我們覺醒、領悟並承認自己的損失，後半人生就會努力恢復並取回原本就擁有的天賦。」

以下這則波夏．內爾森（Portia Nelson）的小故事點出我們可能在人生任何一個階段覺醒，請細細思量。

《五個小短章的傳記》（Autobiography in five Short Chapters）

第一章

我走在街上。
行人道有一個深不見底的洞。
我掉進去。
好迷惘……好無助。
這又不是我的錯。
找了好久都找不到出路。

第二章

我又走在那條街上。
行人道有一個深不見底的洞。
我假裝沒看到。

結果又掉進去。

真不敢相信我又陷入同一個地方。

但這不是我的錯。

我又花了好久時間才找到出路。

第三章

我又走在那條街上。

行人道有一個深不見底的洞。

我看到那個洞了。

但我還是掉進去……老毛病改不了。

我睜大眼睛。

知道這裡是哪裡。

這次是我的錯。

我立刻爬了出去。

第四章

我又走在那條街上。

行人道有一個深不見底的洞。

我繞過去避開它。

第五章

我走到了另一條街。

如果你看完故事笑了出來，那是因為我們在裡面看見自己，同樣的愚蠢。我們都曾經掉進同一個洞，犯同樣的錯，即使前十次、二十次、一百次都沒成功，我們還是不斷重複同一件蠢事。好的心理治療師或精神輔導師能幫助縮短覺醒的時間，看清自己的行為，但是無論是旁人引導或自己開竅，我們總會在某個時間點意識到自己的人生，看清自己在哪，接受旅途過往的痛苦與損失。其實，痛苦與損失有可能正是喚醒我們的要素。你在故事的哪裡看見自己？你認為自己在哪一章？

發現真實自我需要三項必備技能，本書從一開始就在幫你準備：

- 我們一定要能看清本質（培養覺察的特質）。
- 我們一定要能面對真相毫不畏懼（擁抱坦率的特質）。
- 我們一定要能讀懂自己內心的想法（鍛鍊辨別的特質）。

我們天生不具備這些特質，要培養也不容易。但每個人內在都身懷所需技巧。每一段珍貴的人生經歷都在鍛鍊這些特質，其中一段可能就是覺醒的關鍵。直接從人生經歷中覺醒成真實自我，有三條最有效率的途徑：痛苦（一定會發生）；快樂（必須懂得選擇）和渴望（常常隱藏起來）。

從痛苦覺醒：最多人都曾走過的路

很多人都跟故事主角一樣：不見棺材不掉淚，非得不斷跌進同一個洞，才發現其實不必這麼做。一百種人就有一百種掙扎，每個人經歷互不相同。無論哪一種形式，痛

苦、失去或不幸福都可能是覺醒的原因。與其抗拒，不如展現智慧接納它。

痛苦、失去等等的本質很抽象，真實人生的經歷比較能幫助大家瞭解。我（艾蒙斯醫生）就來說說自己的故事，因為那是我最熟悉的故事，也因此更真實。這是一則談職業的故事，大多人應該能感同身受，畢竟工作和養家活口佔據我們一大部分的時間和精力。不過，不管你有沒有工作，年紀大或小，生活任何一塊領域都可能令你覺醒。

我發現自己沒有好好活出自我的第一個徵兆，是我考進大學，成為牙醫預科學生的時候。我對牙醫完全沒興趣，但我非常崇拜老家的一位牙醫，一心想變得跟他一樣。後來我很快就發現自己選錯了，於是趕緊轉換跑道，但轉換幅度很小。我變成醫學院預科學生，因為感覺可以轉得很輕鬆（我的自然科成績很好），而且每個認識我的人都覺得當醫生很棒，我一定做得來，他們說：「我們想要你這種醫生。」我沒有停下來思考，究竟我認為自己適不適合當醫生，或是我有沒有其他想做的事。覺察能力不足的我，就這樣一腳踩進湍流，被越來越強的力量沖走，而我抵抗的力道也越來越強烈。

我沒有走上自己想走的路，那些徵兆真是再明顯不過了。當醫學院寄錄取通知信給我的時候，我的心都涼了，其他錄取的同學看起來好快樂。後來上課的時候，我根本興趣缺缺，得過且過。我曾經三度試過去人文學科的學院或研究所，但是父母和其他人對我目前的狀態都很滿意（而且他們反對我轉科系），我也情願壓抑越來越不滿足的情緒。就這樣過了十五年！

關掉內心聲音的痛苦讓原本就艱深的培訓課程更加辛苦，每天帶著強烈的抗拒感生活，可見戴面具付出的代價非常高昂。我絕對不建議任何人選擇痛苦這條路徑，但這就是我的路。

剛開始當精神科醫師的前幾年，我重複著技巧充足但內心抵抗的醫療方式，當時的我已經發展出各種職業倦怠的跡象（這個詞似乎削弱了經驗的深度和豐富度）。我的直覺、個人經歷和我的心（也就是真實自我）都要我做點不一樣的事，採取更全人的療法，鑽研健康和回復力，而不是疾病本身。但是醫療業的本質、我自己也是共犯的事實，讓我很難看清其實還有另一條路可走。我知道自己不快樂，毋庸置疑，但我不知道怎麼改變。我覺得自己好像深陷但丁的地獄，迷失在我稱為「人生」的道路上。

不過，這種程度的不快樂終於把我喚醒了。有一天，我終於承認自己沒辦法再繼續下去。我決定提出辭呈，踏上全新的道路，不管要付出什麼代價，我都願意。我很想說

是勇氣帶我跨出那一大步，放棄高薪穩定的工作，追求完全未知的世界。但是我心底明白，其實那不是勇氣，我只是到了不做不行的地步。換句話說，我已經十分厭倦表裡不一的生活，討厭自己完全無法真心投入工作，以致於走投無路，只能把更真實的自我帶進精神科醫師的角色。至少如果我不想再繼續不開心下去，我是真的走投無路。而我也真的不想再不快樂了。

我們都有自己的故事，我們必須尊重這些故事，把內心生活拉出陰影，拉到個人和共同反思的亮光下。我們不能再表裡不一，坦承內心的掙扎，才能打破現狀。不過痛苦不是覺醒的唯一途徑，也絕對不是最輕鬆愉快的方法。我們還能選擇快樂的途徑。

從快樂覺醒：追隨令你感到幸福的事

偉大的神學家喬瑟夫．坎貝爾（Joseph Campbell）以一句名言成名：「追隨令你感到幸福的事。」（Follow your bliss.）這句話並不是要我們變成自私的人，而是意識到周遭的快樂，讓那份快樂、令我們幸福的事成為嚮導，引領我們生活。「敬畏是推著我們前進的力量。」坎貝爾說道。瑪莉・奧利佛（Mary Oliver）的詩作《當死亡降臨》（*When Death Comes*）也想傳達相同的概念：「當它來臨之際，我想說：人生從頭到尾／我就像嫁給驚奇的新娘。」

看著快樂圍繞著自己，每天帶著敬畏的心，讓生活不斷充滿驚奇——聽起來很棒，事實上確實很棒，只看我們能不能達到這樣的境界。偉大的詩人持續創作詩篇提醒我們，我們則不斷否認有這樣的境界。或許是這種遠見太美好，我們覺得已經超出能力所及的範圍了。

幸福其實伸手可及，只是我們的思想阻礙我們伸出手。舉個例子，我們常回顧整段人生，覺得自己應該在某方面特別傑出，這種想法通常取自別人，或者主流文化或宗教信仰，但往往不符合真實人生。我們其實可以為目前的生活感到高興，把生活分成更小的片段來看，這些片段加在一起久了也會成就偉大。

人生不斷給我們選擇的機會，小小的選擇累積下來就決定現在生活的樣貌。每個人每個時刻都要決定如何利用時間，把精力花在哪裡，如何思考或行動，要看見或忽略哪些事情。即使看似活在悲傷的世界，快樂也不曾遠離，只要我們睜開眼睛，只要我們選擇活得快樂。說得比做得簡單，但你做得到。這不是一生一次的重大抉擇。每個時間點都有該做的選擇，慢慢積沙成塔。

離職的時候，快樂沒有來當我的嚮導，因為我還看不見、感受不到快樂。於是我決定放一年的假，重新開機。那一年我去念了一直很吸引我、我真正喜愛、但看起來很不「醫生」的研究：飲食、運動、自然療法和正念精神練習。

這些一直都是我想接觸的東西，更接近我的本性，比起以前在培訓課程和醫院執業，一邊抗拒一邊戴上面具的日子好太多了。自從下決定的那一刻，距今將近二十年，我終於慢慢擁抱那些我天生有興趣的事物，同時還保留醫師的身份（現在搭配其他療法，我才覺得自己適合當醫師）。令我驚訝的是，最大的改變的不是工作內容，而是我感覺我把更多的自我帶進工作。我慢慢成為我自己了。

從決定的那一刻起，我沒有從此過著幸福快樂的日子。當然，絕對有過幸福快樂的時刻，但大部分的時間，我只覺得一切正常，我就是在做我自己，感覺很好很自然。這種感覺太稀鬆平常，有的人還誤以為自己還沒走上正軌。我們一直以為做真正的的自己（真我）是非常例外、特殊的事，應該會產生強烈正向的情緒。我的經驗是：感覺很正常，不一定會有特別強烈的感受，但絕對是人生最滿意的狀態。

當你發現「做自己就夠了」，而且做自己還能讓世界變得更美好，你會深深感到喜悅（幸福）。其實，回饋是快樂的必備元素，把自己毫無保留地奉獻給世界。或許你的付出沒有回報（至少沒有金錢報酬），但你還是要做，而且你會得到更多快樂。你的本性不能留給自己，必須跟全世界分享，喬瑟夫．坎貝爾早就明白這個道理：

「你必定再帶著幸福歸來，與生活結合。

歸來是為了在每一處角落看見光輝。

將你所處的世界變得更神聖。

追隨令你感到幸福的事……」

從渴望覺醒：傾聽心靈深處的呼喚

自我覺醒還有第三條途徑，比較少人走，不是因為很罕見，而是這條道路需要我們傾聽內心深處，但很少人重視這一點。第三條途徑就是渴望或想望。這個話題屬於精神或靈魂的概念，有些人稱之為「心靈深處的呼聲」。有些人不相信靈魂存在，或者他們對靈魂的定義不同，但我們認為靈魂確實存在，也接受靈魂神秘難解的謎團。

靈魂說話的時候靜悄悄，不外顯，如果不仔細聽就會聽不清楚或聽不懂，若分辨技巧不夠純熟還可能會誤解意思。但是其實也不複雜。只要將注意力轉向內在，深深聆聽。

我自己會想到要留意這個聲音，是因為我總覺得生活少了什麼，哪裡沒擺正。我不曉得缺失的那塊是什麼，也不知道該如何是好，於是我聽從自己的信念，往內心尋找答案。我沒有受過訓練，也沒有典範可循，於是我向外求援。當時受訓的醫院附近就是本篤會修道院，雖然我不信天主教，還是常去修道院沉澱心情。我在那裡學會沉靜、沉思練習和傾聽內心。不久，我接觸靈修，接受正念和其他冥想訓練，漸漸地學會聆聽內在的聲音，但也不是每次都成功。

幾年下來，我都忽略那股聲音要我做的事。有時候我不相信它，有時候我根本不想聽它說話。結果那聲音變得更大聲，更堅持要說話。它開始透過身體發聲，儘管我當時年輕健康，身體還是崩潰了。鼻竇問題不斷復發，類似氣喘的症狀一直出現，呼吸喘不過氣。

最後，我決定要好好專心。我坐在冥想的長椅上，邀請最高自我發言，同意好好聽話，任何吩咐都照做。然後我問：「我該辭職嗎？」那瞬間，我的氣道暢通了。我簡直不敢相信，所以我又換了一種問法：「我該繼續做這份工作嗎？」氣道立刻關閉。我還是不信，所以又再重複問了三次，每次結果都一樣：「該。」氣道暢通；「不該。」氣道關閉。如此清晰的訊息，加上我已經承諾要好好聽深層自我的話，我終於突破恐懼，採取一直以來都清楚必須採取的行動。

內在聲音不曾消失。如果我們感覺不到，或許是因為我們不曾注意過，或是選擇壓抑那道聲音（我就壓抑了十五年），又或者每天忙碌嘈雜的聲音把它蓋掉了。渴望的聲音一直都在，只要你邀請它，它就會欣然發言，前提是這麼做沒有危險。它會說心的語言，也會從故事、音樂或詩歌發聲，孜孜不倦地引領我們往好的方向前進，靠近最高天性。它總是把我們的最大利益放在心上（當然也是他人的最大利益），一百種人就有一百種內心聲音，但是每道聲音想傳達的訊息可以濃縮成一種共同的渴望：渴望聯繫、渴望愛與被愛。

傾聽內心聲音通常是很私密的經驗，最好在私人的安靜時間進行。不過當條件對了，與他人的關係也可能把聲音帶出來：條件是安全感、完全開放的意願、並且不帶一絲「糾正」或批判。以下是兩種傾聽的方法，一種把注意力往內轉，一種往外轉。兩者互相加分，一起練習可能是最有效的辨別方法。

面對自我：深度傾聽的內在練習

* 找一個適合自我反思、寧靜的時間地點，你必須是一個人，而且頭腦很清醒警覺。
* 靜靜地坐好，沉澱心情。花點時間專注在呼吸上或許更有幫助，或是留意你的坐姿，注意坐姿對你有什麼影響。
* 安靜想著一個念頭：你希望傾聽內心的聲音，希望它能給你引導，那股聲音一直都是體內的一部份，而且不斷引導你往最高的良善前進。
* 如果你有疑問，就想著那個問題。如果你沒有特別的疑問，就單純抱持希望此刻它在你生命中出現的想望。
* 不必費心思回答問題或思考。不要想著某種深遠或重要的事會發生。只要製造空間

讓你跟深層自我獨處，就像跟一位親密摯友相處一樣。

＊你是一位好奇的觀察家，想知道會出現什麼人，但不要放感情。尋找一種熟悉的經驗，「心跳加快」，敞開、溫暖或某個動作。可能會浮現話語，或者圖像、記憶或知覺。繼續保持坐姿，將意識放在被吸引而去的身體位置。通常是靠近心臟、腸道或身體中段部位。

＊如果你必須做決定或陷入兩難，你可以問是非題，觀察它的回應。當你得到「是」的答案，身體有什麼變化？當你得到「否」的答案，又有什麼變化？不要評斷，只要持續抱著興趣和「不知」的心態觀察。

＊如果你想要，也可以問申論題。例如：「我該如何把經歷放在目前對我最重要的事情上？」或者「我怎麼知道這是正確的道路？」用你自己的話表達更好。然後只要輕輕抱著疑問，觀察你的體驗，不要批判。

＊當感覺對了，你可以把觀察寫進日記裡。盡量專心描述當下的體驗，不要光寫結論或分析。那可以留待之後再做。

＊常常回來傾聽內在。跟所有人際關係一樣，付出越多時間和精神，這段關係就越豐

富有意義。

面對他人：深度傾聽的分享練習

＊找兩個以上值得信賴的人，彼此都要真心願意聆聽對方。你可以找朋友、家人，但他們不能太在意你的身份，或堅持你應該做哪些事。請找能接受你表現真實自我、不帶任何批評或先入為主意見的人。

＊當你需要敏銳的判斷力，但前方道路模糊不清；或者你單純想瞭解內在聲音，聽它發言的時候，都可以進行練習。

＊排出一小時以上的空檔，確保不會被打擾。

＊將注意力全部集中到一個人身上（可以先從你自己開始）。如果時間充裕，每個人都有機會說話。如果時間不夠，再另外安排一次練習，讓所有人都講到話。這樣每次練習就不必趕著進行。時間必須非常充裕，內在聲音才會出來說話。

＊如果你是說話的人，請盡可能發自內心，不要搞笑、刻意表現或呈現某種樣子。要

完全呈現不加過濾的真心話，不需要解釋、分析或刻意說其他人想聽的話。

＊如果你是聆聽的人，靜靜地聽就可以了。把自己的故事放到一旁，忍住在旁解釋、給予意見或支持的衝動，甚至類似的經驗也先不要分享。盡量只問確切的問題（例如你真的想知道的事，而不是你認為自己知道答案，或是想引導到某個結論的問題）。談話中間可以留幾段沈默的空白。記住心靈深處的聲音只會在安全、歡迎的氣氛下現聲。靜靜等待，欣然迎接，不要百般哄騙。你不需要說話填補安靜的空白。空白的時間充滿各種機會。

＊同樣地，如果浮現痛苦的情緒，不必刻意止住或安慰，就讓情緒宣洩出來。這些情緒也許是必要的。

＊保持接納同理的立場。我們一起經歷這段體驗。除了深藏的智慧和力量，我們也都有自己的盲點和脆弱之處。

＊珍惜互相分享的寶貴經驗。這不一定要非常深刻、深遠或有確切的結論。只要內在聲音大聲說話，講者就能看得更清楚。身為聽者，尊重個人隱私，不要再談論這次的分享內容，即使是參與練習的伙伴也一樣，除非本人自己提起。

活出自我：跟從真實的自己

「有一條你一直跟隨的線。它穿梭在千變萬化的事物間。但它永恆不變。」

——威廉·史塔福德（William Stafford），美國詩人

故事是這樣的。有人問八十五歲的娜汀·史黛爾（Nadine Stair），如果人生可以重來一遍，她會做出哪些改變。她的回答是：「我下次會更敢犯錯……冒更多險……或許惹上更多麻煩，不過這樣我的煩惱就會少一點。」她列出幾個改變，讓自己更大膽，譬如吃更多冰淇淋、更常爬山，最後說希望接觸更多美麗的事物：「我會多摘點雛菊花。」

活出自我確實需要勇氣。你可能會遇到更多現實生活的麻煩（不過心中煩惱變少也是好事）。完全活出自我有一定的風險，可能會受傷。那為什麼還要這麼做？

現實人生的七種徵兆

你怎麼知道自己有沒有忠於自我？你會得到什麼？下列是現實人生的七種徵兆，同時也是真實人生的報償。

一、順利。也許你還是得花很大力氣才能達成目標，但是你並不會喊累，一種自然的感覺讓你覺得像是在玩，而不是工作。

二、接納自我。清楚知道自己是誰，知道自己是完整的個體，不是支離破碎的殘塊。你不必再辛苦地掙扎，只為達到別人的期望。你可以善意對待自己。

三、開放。你可以完全敞開自己，冒更多風險，因為你對自己和結果很有安全感。

四、品味。當你不再抗拒生活某些部分，你就更能享受開心的時光。你可以摘更多的雛菊……。

五、感恩。忠於自我的時候，不需刻意，心裡自然會萌生感謝之情。附加好處是，感恩的心讓我們更健康快樂。

六、意義。表達自我、將自己獨特的意見、能力和創造力帶給世界的時候，意義油然而生。你的自我本來就是用來展現、分享的，不應該私藏。

七、沉靜。當你放下所有抗拒，不再緊抓著某些事情，抵抗另一些事情，剩下的就是深層的平靜。你心底明白，一切都會好的。

人生的隱形繩索，指引你走出自己的路

李歐納・柯恩（Leonard Cohen）有句歌詞，把失去真實自我寫成詩一般的話語：「捲起整座世界的暴風雪越過了極限，把靈魂攪得地覆天翻。」

如果你住在美國天氣寒冷的地區，不難想像「捲起整座世界的暴風雪」是什麼模樣。我們都經歷過風暴，內心或外在，微風或颶風，我們的生活被吹得一團亂，脫離正軌，「靈魂攪得地覆天翻」。人生從來不是康莊大道，有時候大轉彎，有時候失速奔馳，有的時候也會迷失方向，無法跟真實自我連線。這是必經的過程。唯一的問題是，要花多久時間才能回到正軌，又該怎麼做？

如果你從小在農場長大，你可能還記得會有一條繩子，一頭繫著農舍的一端，一頭

綁在住家後門。如果農夫在風雨之中必須到農舍一趟，那條拴繩能帶他平安回家。這個意象是內心生活的絕佳譬喻。人生道路上一直有一條繩索，每當你迷失方向、遇上暴風雨，那條繩索都能引導你回到真實自我。你怎麼知道這條繩索確實存在？只要回顧人生經歷，你就看得見了。

回頭看看至今的人生，尤其是重要轉折，從後視鏡就看得到當時經歷的風險、潛能或改變。你一定會發現這些事件都有同樣的主題，某些偏好、方法或目的一再重複出現。面對人生的挑戰和機會，每個人都有自己一套處理的方法，還有這麼做的理由。我們只需要花點時間探索自我，一切就清晰可見。

這些問題能幫助你看見不斷指引你的那條繩索：

在這條道路上，什麼時候感覺最自在？那時候在做什麼事、跟誰在一起、感覺怎麼樣、你的樣子如何？

■ 你的人生有什麼不變的事物？例如哪一種價值觀一直引導你做決定？是什麼支撐著你度過艱困或迷失的時刻？遇到重大轉折和轉捩點，你的心裡浮現什麼？

■ 每次生活捲起風暴，總有個地方或你的家不停呼喚你，讓你想趕緊回去。試著描述那個地方。

反思這些問題對我們很有幫助，但是不必急著一次回答完所有問題，也不必一定要找到最確定的答案。不管你看不看得見，那跟繩索都在那裡，而且答案也有可能改變。真正需要做的是持續專注，保持正念覺察，時時問自己：「正確的下一步是什麼？」

這條繩索就像衛星導航系統，可以帶你去到任何想去的地方。如果能看到全程的路線當然很好，但你其實只要知道下一個轉彎的路口就可以了。如果你一分神，轉錯彎，內心導航會帶你到新的地點，重新校正，再帶你回到正確的路上。

先前介紹的韋恩．穆樂在《存在、擁有、作為都已足夠的人生》（*Life of Being, Having and Doing Enough*）寫道：「當我們聆聽清楚的指示，踏出正確下一步，拋下原先的計畫和打算，我們很有可能發現下一刻給人的感覺，是很輕鬆就能達到滿足。在人生道路上小心行事，謹慎做著一件又一件正確的事，我們就能做得更少，移動地更慢，接著眼前出現一片令人驚喜的空曠草原，風和日麗，清新舒暢，那種感覺很不可思議，就好像，現在這樣已經足夠了。」

我們會深深嘆息：「啊，夠了。現在這樣夠了。我已經夠了。」做你自己。這是你唯一需要做的事。

重點 Key point 觀念

- 成為完全體現、充滿愛又真實的自我，是人生的一大工程，我們都還需要訓練。
- 任何人生經驗都可能找到真實自我的種子，包括世俗認定的成功和失敗，勝利和磨難。
- 富有生命力的大腦、活力心態和開闊心胸讓我們有可能覺醒成真實的自我，但是不保證一定能做到。我們仍然要學習深入傾聽、聰明辨識、勇於執行內心堅定的小小渴望聲音。

誌謝

亨利・艾蒙斯醫生

這本書就像我人生至今的自然結果，感謝所有無私奉獻大量精神和時間的導師、老師和支持者。我特別留意身邊健康老化的耀眼典範，不管沿途遇到什麼挑戰或損失，他們仍然那麼優雅有自尊。如果你認真找，你會發現這群賢者一直都在你的身邊。

我一直很感謝經紀人珍妮斯・威勒利，有了她的智慧指引和支持，我才能成為作家，多虧她成功的經紀事業，才能出版多本好書，觸動許多人的生命。還有，我很幸運能跟Simon and Schuster出版社的資深編輯米雪爾・豪瑞共事，是她一手指導這本書到出版成冊。我非常感謝她如此用心、專業、優雅地對待這本書。

再次感謝「回復力夥伴」的所有好友同仁，謝謝珊卓拉・卡雀和卡洛琳・丹頓的鼓勵，感謝你們幫忙閱讀手稿；感謝蘇珊・寶格利勇氣十足願意擔任專業的初期校稿。毋庸置疑，蘇珊把這本書變得更好了。

大衛・奧特，一個世紀都過了四分之一，你仍然是我的摯友和聰明絕頂的同事。能夠和你一起完成這本書，捕捉你獻給世界的一小部分好奇、熱忱和熱情，真是一件快樂的事情。敬我們再發揮創意合作二十五年！

最後，謝謝這些年願意將健康託付給我的善良人們。僅以佩瑪・丘卓[1]的話道出我的心聲：「我的心能意識到他人和他們的痛苦，這是何等幸運之事？」

大衛・奧特博士

最後動手寫下這本書，已經是一段漫長過程的尾聲了，究竟這段旅程從何開始，我已記不清了。就很多方面來說，這本書記錄人生一路教給我的知識，而且這只是我理解的其中一部份。寫作就像拼一幅一萬片的拼圖，每塊拼圖都是看似毫無關聯的人生經歷，合在一起竟然成了一幅畫。其中幾塊關鍵拼圖，我想特別提出來表達謝意。

從一個概念到出版成書，珍妮斯・威勒利和米雪爾・豪瑞細心安排一切事務。多虧他們貼心有禮的付出，這份計畫才能一直持續進行、貫徹始終、表達又適切。擁有一位才華洋溢的編輯做姻親姊妹，又是另一個好處不斷的紅利。謝謝你，明蒂・衛娜—奧特。

我的家庭非常注重學習和發現，我得以不斷開發好奇心，為此我永遠感謝我的父母和祖父母。我的手足教會我與人交流和玩樂多麼重要，為此我永遠感謝我的兄弟姊妹。三十五年來，我的姻親家族一直給予我無限信任與支持，張開手臂歡迎我成為家族的一份子，對我的個性有很大的影響。我很幸運能擁有數十年的友情，這些好友肩負多重角色：他們在人生最黑暗的時刻聽我傾訴。當前進的路變得陡峭難行，他們化身啦啦隊和教練，督促我勤奮不懈。當我脫離正道，差點忘記自己該扮演的角色，他們也毫不留情地發動奚落攻擊。當人生不斷帶給我們驚喜和歡樂，他們也和我一起用力地放聲大笑。我特別要感謝吉爾．曼恩。在我們相處的無數時光，他無私付出自己的時間和智慧的見解，提醒我不是每件發亮的東西都是黃金，必須耐心以對，持續專注，真正美麗持久的寶物才會出現。

以下三位人士不知道他們對我的影響有多深，但我還是要一一表達感謝。我的教授

1. Pema Chodron，1936—，是藏傳佛教界極富盛名的美國人。

班・布倫博士，是他讓我見識每個人都擁有正向改變的潛力，將潛能轉化成活生生經驗的魔力就在不遠處。我還要感謝傑夫・捷格博士，一位老師、作者、良師兼益友。他讓我理解文字的力量，能激起全新的體驗，幫助人們改善生活。最後，我要感謝好友羅德・費瑟，用他的人生告訴我，這本書傳達的訊息能讓生活變得新鮮、充實、永遠向前看。

亨利・艾蒙斯醫生，我的共同作者與親愛的好友。有時候兩個聲音加在一起不只音量更大，傳遞的訊息也會更清楚、更能引起共鳴，創造出和諧的樂聲。感謝你溫柔穩定的影響力，使這本書成真，使它更完善。

特別感謝我的三個孩子札克、強納森和瑞秋。他們鼓舞著我，使我深深相信未來會更好。每個孩子都走在不同的人生道路上，但是每個人同樣都抱持著勇氣、開放和慷慨的心，我相信接下來的日子，他們將大放異彩。致裘蒂：我的伴侶、繆斯、摯愛和希望，你無條件信任並支持我的想法，不曾動搖，我永遠感激。最後，致那奇異又悲劇的「老年失智症」，你奪走了我父親的回憶，也帶走了曾經教給我許多道理的那位男人的本質。即使這本書無論如何都會寫成，我對老年失智症因為曾有過最近距離的接觸，使得這本書多了一份親密感和急迫感，我相信這本書因此寫得更好了。

身體文化132

年輕20歲的腦力回復法：9招讓大腦回春，健康、活腦、心不老

作者—亨利・艾蒙斯、大衛・奧特
譯者—蔡孟儒
主編—李宜芬
責任編輯—郭香君
執行企劃—張燕宜
企劃助理—石瓊寧
封面設計—比比司設計工作室
內頁排版—時報出版美術製作中心
董事長
總經理—趙政岷
總編輯—余宜芳
出版者—時報文化出版企業股份有限公司
10803台北市和平西路三段二四〇號三樓
發行專線—(〇二)二三〇六—六八四二
讀者服務專線—〇八〇〇—二三一—七〇五
(〇二)二三〇四—七一〇三
讀者服務傳真—(〇二)二三〇四—六八五八
郵撥—一九三四四七二四 時報文化出版公司
信箱—台北郵政七九～九九信箱
時報悅讀網—www.readingtimes.com.tw
法律顧問—理律法律事務所 陳長文律師、李念祖律師
印刷—勁達印刷有限公司
初版一刷—二〇一五年十月十六日
定價—新台幣三六〇元
⊙行政院新聞局局版北市業字第八〇號

國家圖書館出版品預行編目資料

年輕20歲的腦力回復法：9招讓大腦回春,健康、活腦、心不老 / 亨利.艾蒙斯(Henry Emmons), 大衛・奧特(David Alter)著 ; 蔡孟儒譯. -- 初版. -- 臺北市 : 時報文化, 2015.10　面；　公分

譯自：Staying sharp : 9 keys for a youthful brain through modern science and ancient wisdom

ISBN 978-957-13-6415-5(平裝)

1.腦部　2.健腦法

394.911　　104018670

ISBN 978-957-13-6415-5
Printed in Taiwan